まんが 偉人たちの科学講義

天才科学者も人の子

亀 著

技術評論社

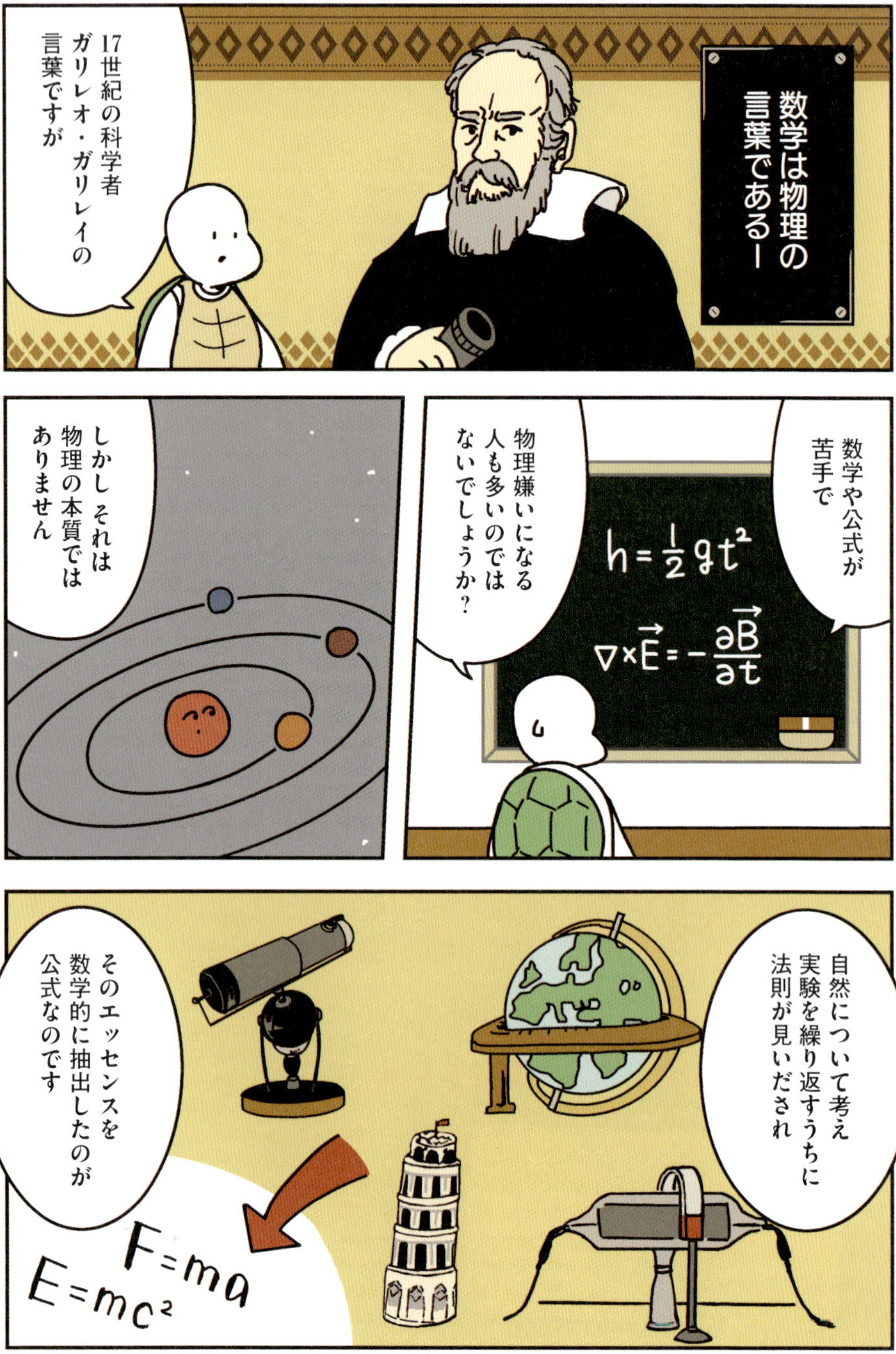
数学は物理の言葉である—
17世紀の科学者ガリレオ・ガリレイの言葉ですが
数学や公式が苦手で
物理嫌いになる人も多いのではないでしょうか？
$h=\frac{1}{2}gt^2$
$\nabla\times\vec{E}=-\frac{\partial\vec{B}}{\partial t}$
しかし それは物理の本質ではありません
自然について考え実験を繰り返すうちに法則が見いだされ
そのエッセンスを数学的に抽出したのが公式なのです
F=ma
E=mc²

はじめに

この本では物理がどうやって作られていったか知ってもらうため
科学者たちの生き方や考え方を紹介していきます
数学や公式の話もありますが横に印をつけたので読み飛ばしても大丈夫です
ガリレオ ニュートン
ファラデーに アインシュタイン
苦労したり いばったり 弾圧されたり…
科学者にも様々な人生があります
彼らの物理を物語としてお楽しみください

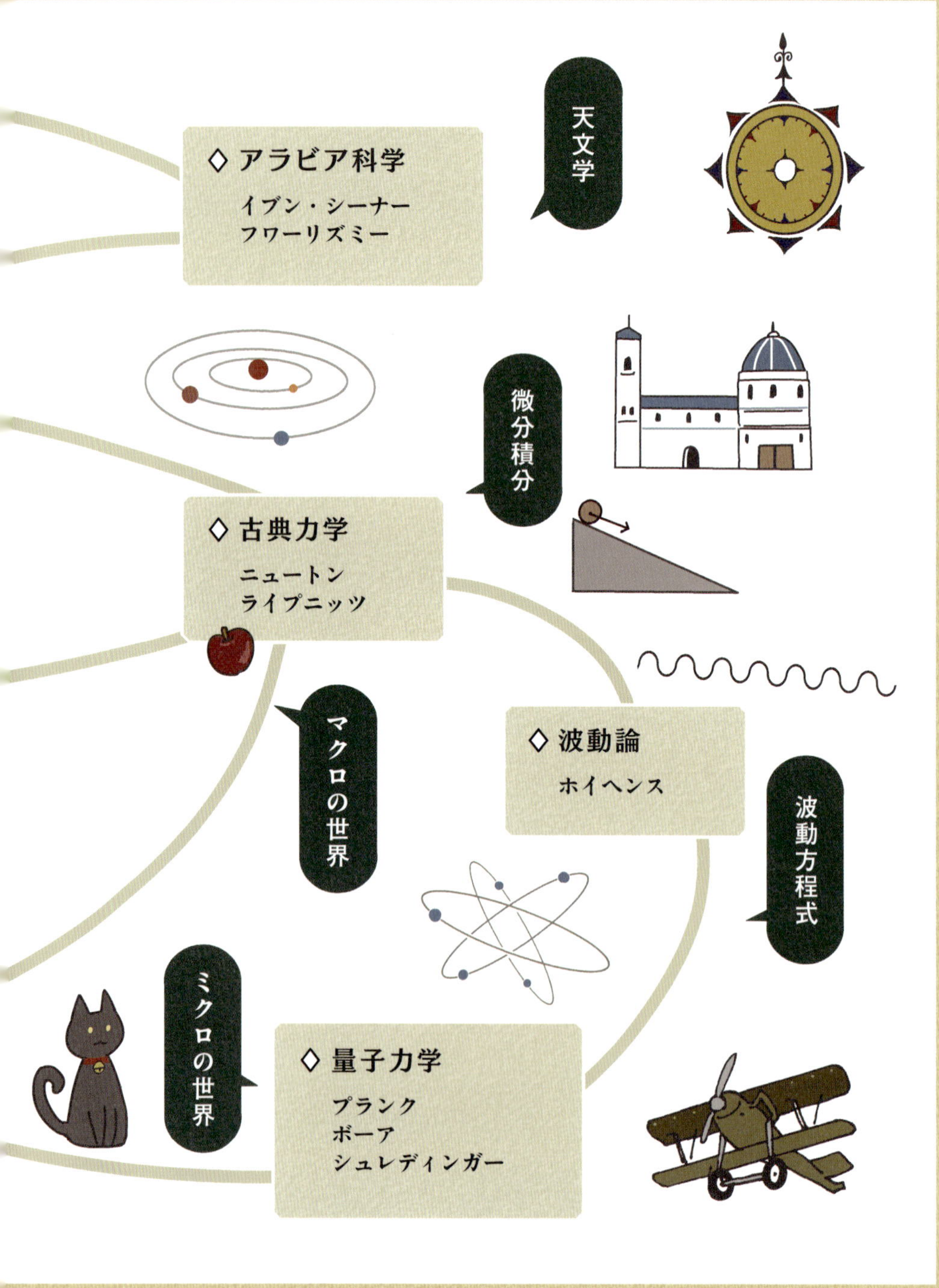
◇ アラビア科学
イブン・シーナー
フワーリズミー
天文学
微分積分
◇ 古典力学
ニュートン
ライプニッツ
マクロの世界
◇ 波動論
ホイヘンス
波動方程式
ミクロの世界
◇ 量子力学
プランク
ボーア
シュレディンガー

物理の歴史

◇ 古代ギリシャ

アルキメデス
ユークリッド
アリストテレス

三角関数

◇ 中世哲学

ケプラー
ガリレイ
デカルト

デカルト座標

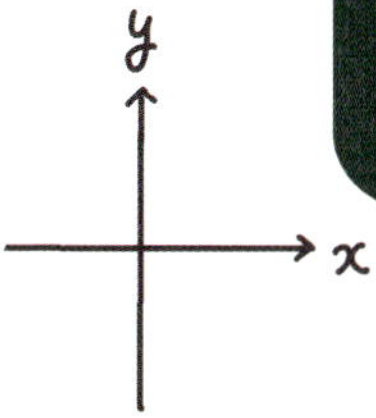

◇ 電磁気学

ファラデー
マクスウェル

マクスウェルの方程式

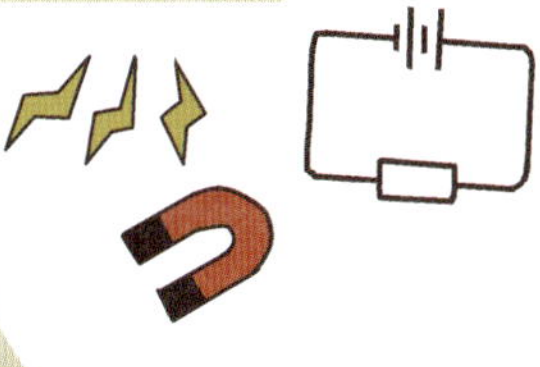

◇ 熱力学

カルノー
ジュール
クラウジウス

エネルギーの概念

◇ 相対性理論

アインシュタイン

質量＝エネルギー

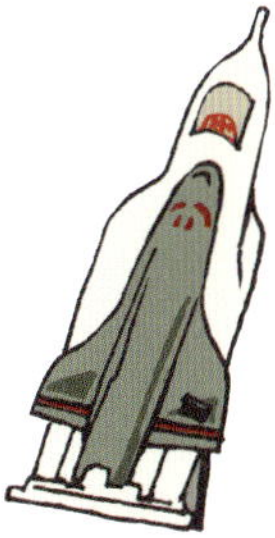

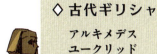

もくじ

語り部

亀

はみだし偉人コラム①

古代ギリシャの
アリスタルコスはすでに
地動説を唱えていたぞ
ガリレオが
地動説を主張する
２千年も前だ

第1章

力学

——物体に力がかかるとどうなる？

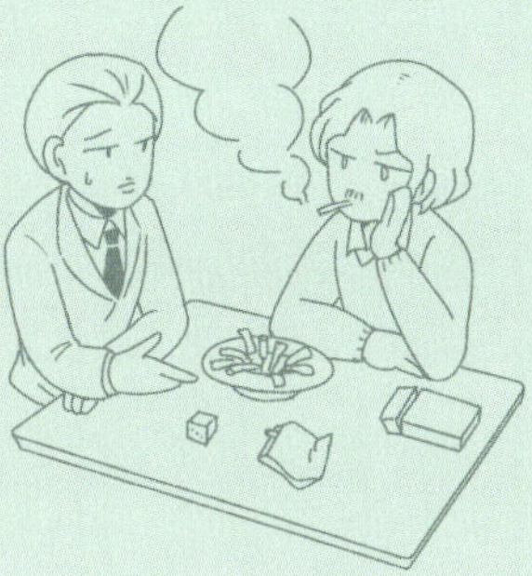

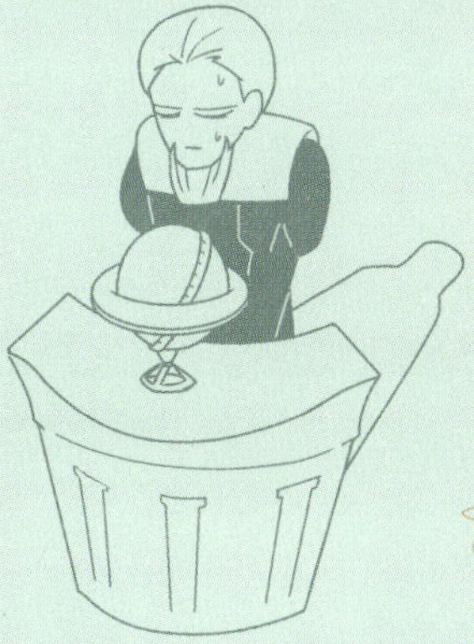

はじめに少し昔話にお付き合いください
古代における幾何学は
ギリシャの哲学者によって学問としてまとめられた。
奴隷のおかげでヒマだったの
しかしそんな哲学者の著作は時代とともに散逸してしまった。
エウレーカ！
（発見した）
哲学はなくても生きられるもんね
BIBLE
それを集めたのがイスラム王朝。
アラビア語に翻訳して図書館に保管していた。
アルコールやアルケミストなどアラビア語由来の科学用語は多いですね

このギリシャ哲学のアラビア語翻訳を逆輸入し
キリスト教神学と混ざったのがスコラ学。
過去の叡智《えいち》を集めたスーパー教科書だ！
しかしスコラ学は優れているがゆえに絶対視され…
疑問をもつな
地球が宇宙の中心だ！
そんなスコラ学の縛りを
取り払ったのが近代科学！
バン
ガリレオやデカルトは実験に基づく科学を唱え
ついにニュートンが登場します
そんな話をお楽しみください

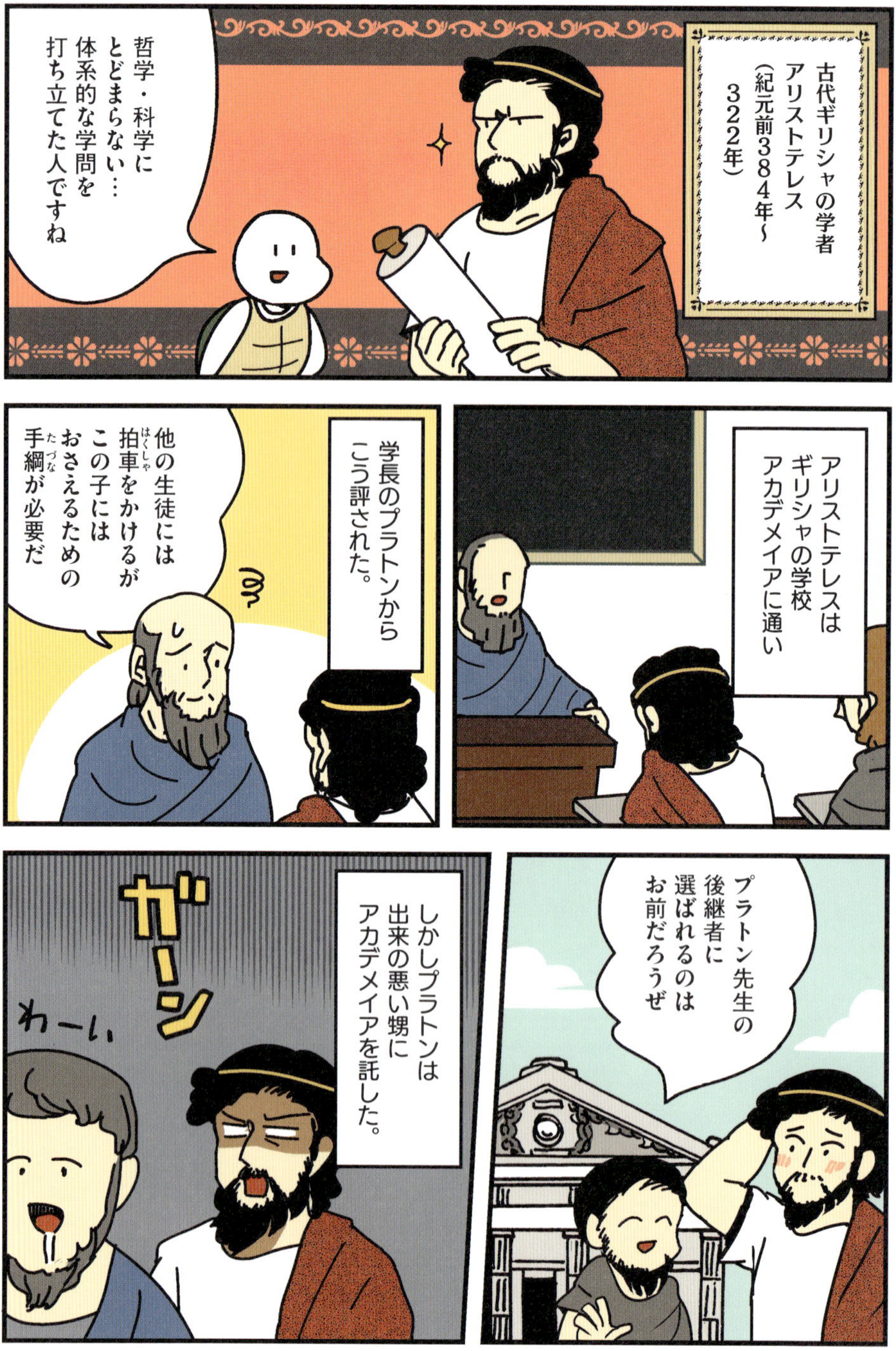
古代ギリシャの学者
アリストテレス
（紀元前384年〜322年）
哲学・科学にとどまらない…体系的な学問を打ち立てた人ですね
アリストテレスはギリシャの学校アカデメイアに通い
学長のプラトンからこう評された。
他の生徒には拍車《はくしゃ》をかけるがこの子にはおさえるための手綱《たづな》が必要だ
プラトン先生の後継者に選ばれるのはお前だろうぜ
しかしプラトンは出来の悪い甥にアカデメイアを託した。
ガーン
わーい

彼は学校を去り、王子時代のアレクサンドロスの家庭教師となった。
月の満ち欠けをごらんなさい
これは太陽が作った地球の影が映ってるんです
だから地球が平らだというのは間違いです
そして ここから見える星のいくつかはエジプトでは見えないんですよ
つまり… 地球は案外小さいのです
見える
見えない
Earth
それなら私にも世界征服できるだろうか
それはどうでしょうねぇ…
アリストテレス学は後世から絶対視されたが、
本人はいたって革新的な科学者だったのだ。
そんなアリストテレスの話。
妄信しろなんて言ってないんだけどな…
う～ん
偉大過ぎたんだね…

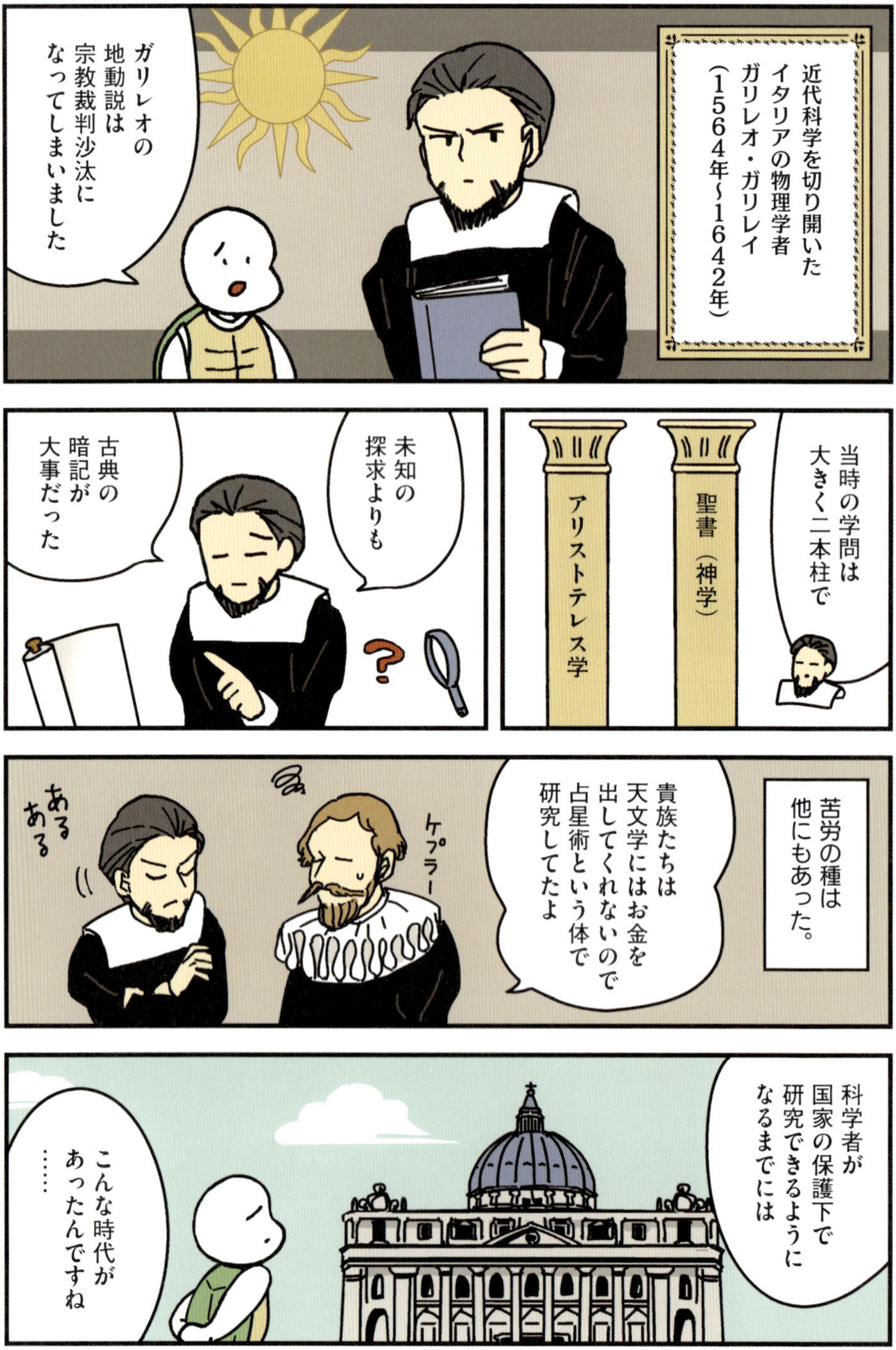

近代科学を切り開いた
イタリアの物理学者
ガリレオ・ガリレイ
（1564年～1642年）
ガリレオの地動説は宗教裁判沙汰になってしまいました
当時の学問は大きく二本柱で
聖書（神学）
アリストテレス学
未知の探求よりも
古典の暗記が大事だった
苦労の種は他にもあった。
貴族たちは天文学にはお金を出してくれないので占星術という体で研究してたよ
ケプラー
あるある
科学者が国家の保護下で研究できるようになるまでには
こんな時代があったんですね……

ガリレオの家はトスカーナ地方の旧家だった。
ガリレイ（複数形）家の一人だからガリレオ（単数形）と名乗れ
大事なことだから繰り返すんだね
大学に行って立派な医者になるんだぞ
は…はい
大学では暗記科目が多かった。
アリストテレスは「重い物体のほうが軽い物体より速く落ちる」と言うが
とてもそうは思えない…
みんなちゃんと確かめたのかな？
重さの違う球を斜面から転がしてもほぼ同時に床に落ちるし
振幅が十分小さいとき振幅を変えても振り子の周期は一定だ
振幅が小さいとき
$T = 2\pi\sqrt{\frac{\ell}{g}}$

そんなとき大公付きの数学者リッチと出会った。
君にこの本を貸しましょう
大学では軽視されているが役に立ちますよ
それがユークリッド幾何学とアルキメデス。
哲学や医学書よりずっと楽しい！
自分の目で原理を確かめられるんだもん！
そんなガリレオを父は叱ったが、
医学をしろ！
まあまあ
今は軍事の分野で数学者の需要が大きいんで…収入は見込めますよ
む…
大公から給金をもらってる先生がそう言うなら…
それに人当たりの悪い彼に医者はムリです
数学者がオススメ
ちょっと失礼ですね!?

医者の道は捨て
①ピサ大学教授 …年収60スクド
②パドヴァ大学教授 …年収千フロリンで一家を養う
③トスカナ大公付き数学者 …リッチと同職
順調に出世したガリレオ。
これは軍事用のコンパス！大砲の角度と火薬の量を決めるのに使います
おおっ
さらに望遠鏡を発明しました！
おおおーっ
でも望遠鏡ってすでにオランダで発明されてなかったっけ？
これは倍率20倍の望遠鏡！世界一の精度なんですよ！
発明っていったほうが売れるんだから…いいでしょ！
自分に正直だね

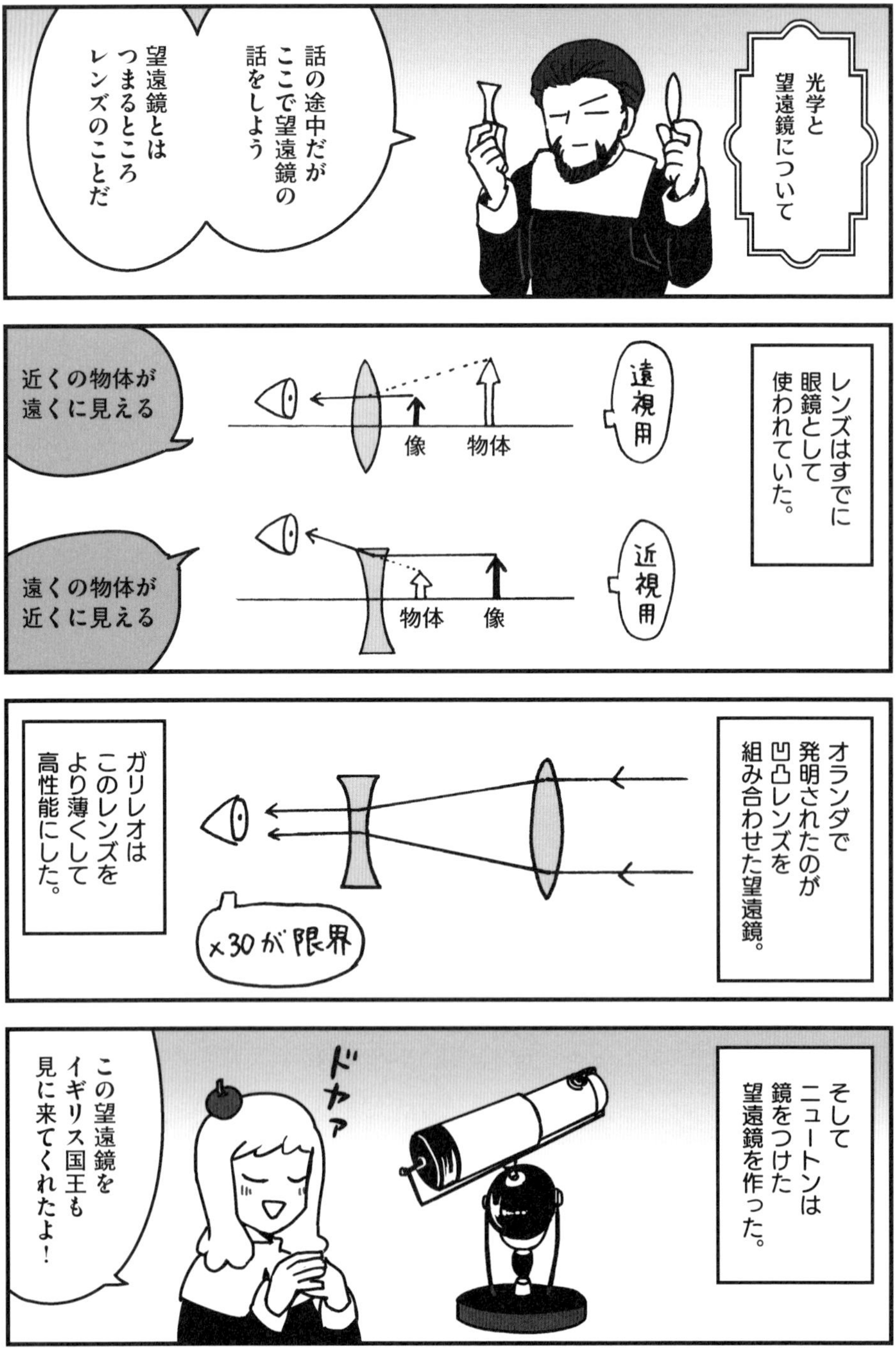
光学と望遠鏡について
話の途中だがここで望遠鏡の話をしよう
望遠鏡とはつまるところレンズのことだ
レンズはすでに眼鏡として使われていた。
遠視用
物体
像
近くの物体が遠くに見える
近視用
像
物体
遠くの物体が近くに見える
オランダで発明されたのが凹凸レンズを組み合わせた望遠鏡。
ガリレオはこのレンズをより薄くして高性能にした。
×30が限界
そしてニュートンは鏡をつけた望遠鏡を作った。
ドヤァ
この望遠鏡をイギリス国王も見に来てくれたよ！

いやー
望遠鏡
楽しいなぁ
月の表面は
凸凹だったん
だなぁ
……
アリストテレスは…
月をなめらかな球だと
言ってたけど…
う〜〜ん…
ガリレオは徐々に
危ない領域に
足を踏み入れていた。
君の主張って
アリストテレスや
聖書の記述を
否定してるみたい
そうだよ
え
!?!
じゃ
なくて！
きっと聖書は…
非数学者にも
わかるように
書いてあるのさ
危ねー
ケプラーへの
手紙には暗号を
使っておこう…
一応教皇庁の
許可を取ってから
本を出してるけど…
気をつけなきゃ

だが時すでに遅し。
パトロンだったトスカナ大公の死後、ガリレオは宗教裁判にかけられた。
あなたが書いた『天文対話』には異端の考えが見受けられます
で…でも私は教皇庁の検閲を受けましたよ
状況が変わったのです
この本は架空の人物の会話形式で話が進みますね
知的な解説者サルヴィアティ
これはあなたのことでしょう
そして神万能説を唱えるシンプリチオ
愚か者として描かれている
このシンプリチオの意見に教皇は賛成なので
ウッ…
あなたは教皇をバカにした…というわけです

※聖書には、神が天体運動を止めるシーンがある。

※ 1979 年にはガリレオ裁判の再調査が行われ、教皇庁が誤りを認めた。

万有引力や光の法則を発見したニュートン（1642年〜1727年）
その功績は称えられるべきものです…が
なかなかクセのある人物です
ニュートンは17世紀イギリスの裕福な家庭に生まれた。
家の仕事を手伝うこともなく数学や工作に打ち込むニュートンは、
大学で勉強していいの!? ありがとうママ
聖職者になってほしかったけど…まあ好きにして
ケンブリッジ大学に通うことになった。

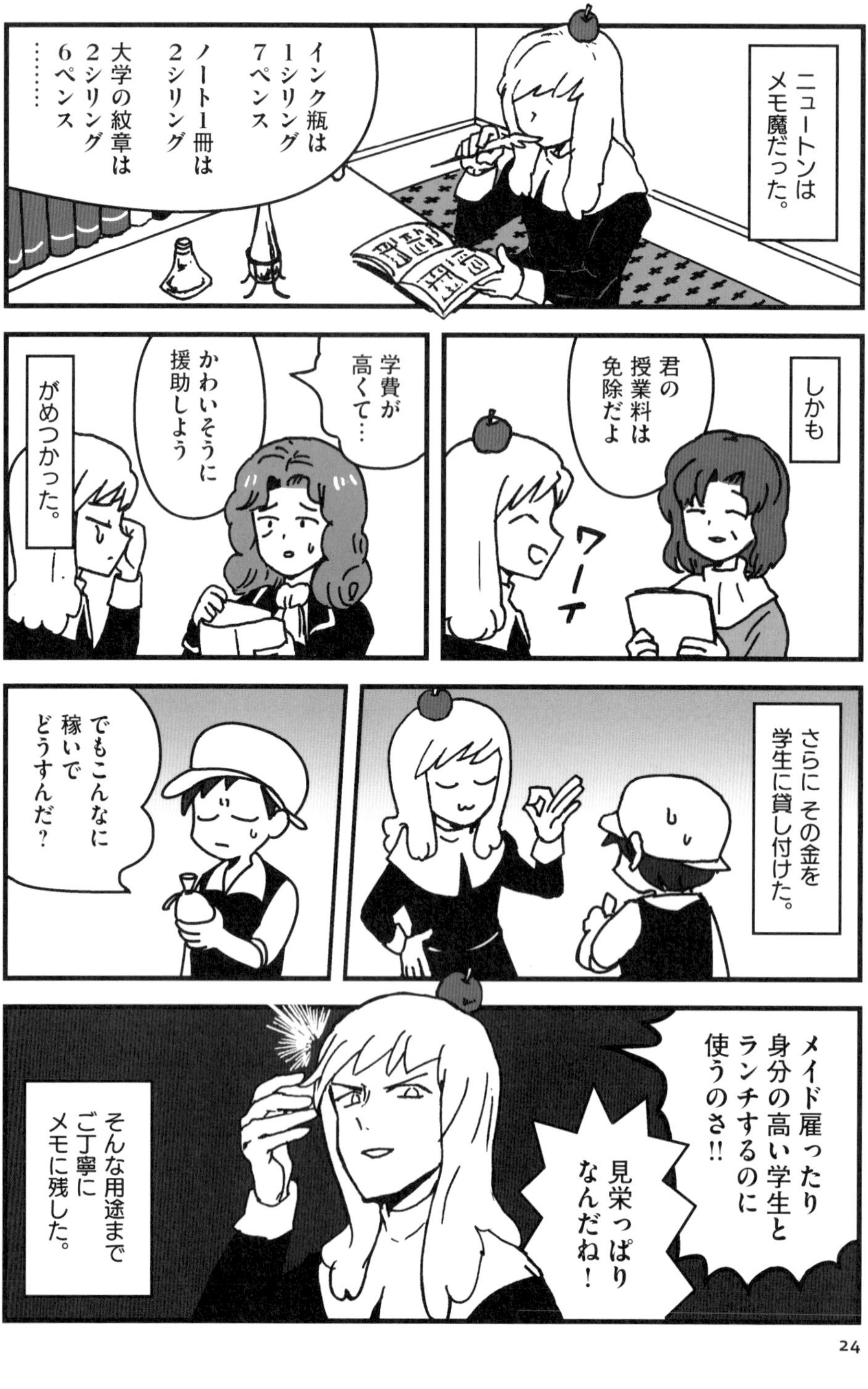
ニュートンはメモ魔だった。
インク瓶は1シリング7ペンス ノート1冊は2シリング 大学の紋章は2シリング6ペンス………
しかも
君の授業料は免除だよ
ワーイ
学費が高くて…
かわいそうに援助しよう
がめつかった。
さらにその金を学生に貸し付けた。
でもこんなに稼いでどうすんだ?
メイド雇ったり身分の高い学生とランチするのに使うのさ!!
見栄っぱりなんだね!
そんな用途までご丁寧にメモに残した。

※色によって光の波長が違うために起きる現象。

※ロンドン王立協会…1660年に設立された、世界最古の科学学会。

こうして王立協会に出入りするようになったニュートン。
スッ
スッ
わっ なんか出入りしてる奴がいるぞ
あの… バロー先生の紹介で…
ああ！ 望遠鏡のニュートンか
ドキドキ
えと… 光学の論文を書いてみたんですが
論文？
これはダメだね
君は工作の方が向いてると思うよ
論文をけなしたのは、フックの法則で有名な科学者ロバート・フック。

※加速度…速度を時間で微分したもの。

ここでは簡単に
三つの
運動の法則を
紹介しよう

【第一法則】
慣性の法則
物体は
力が作用しなければ、
その速度は一定である
摩擦がなければ
動いてるものは
動き続け…
静止したものは
静止したままだ

【第二法則】
力の定義
物体の加速度は
作用する力に比例し
その質量に反比例する
力 加速度
F = m a
質量
力の単位は[N]《ニュートン》
ぼくの名前だ!
[N] = [kg·m/s²]

【第三法則】
作用反作用の法則
物体Aが物体Bに
力を与えるとき、
同じ大きさで
反対向きの力を
物体Bから受ける
F_B = F_A
壁を押すと
壁からも
押される…って
関係だね

この運動方程式で
リンゴの落下運動も
ボールを投げる運動も
記述できるのさ！
ピュー
……
ニュートン
ぼくが費用を
出すから
本を出そう!!
えっ？
運動方程式を使えば
どんな運動でも
説明できるんだろ!?
この発見を世界に
知らしめなきゃ！
お金出して
くれるの？
そうだよ！
なんて便利な
おっさんだ!!!
君の友情に
感謝しかない
本音と建前が
逆だぞ！
こうして

プリンキピアは発刊され、
PHILOSOPHIÆ NATURALIS PRINCIPIA MATHEMATICA
IMPRIMATUR
LONDINI
ニュートンの名声はヨーロッパ中に響き渡った。
だがその本は私の論文のパクリだろう
お…おまえは
あの憎きフックじゃないか!!
でん
フックもまた惑星運動の発表をしていた。
言いがかりはよしてくれ
プリンキピアは惑星運動より大きな法則を扱ってるんだから
フックの主張は通らなかったが
ム…
あのジジイ!絶対許さない
バーカ
バーカ
まぁまぁ
ニュートンはフックの死後に論文や肖像画を撤去させた。

ねえハリー
なんだい
ぼくはもっと褒め称えられるべきだよね
ン？
瞬く間に増長するね君
ていうかズボン履き忘れてるぞ
おっと！
そんなニュートンはライプニッツとももめた。
初めまして
ドイツの数学者で哲学者で医者で外交官のライプニッツです
初めまして何の用？
…先にズボンを履いてくれないか
君のプリンキピアは素晴らしいが微分積分を発見したと主張してるのはいただけないな
先駆者は私だぞ
微分と積分は17世紀の発見だった。

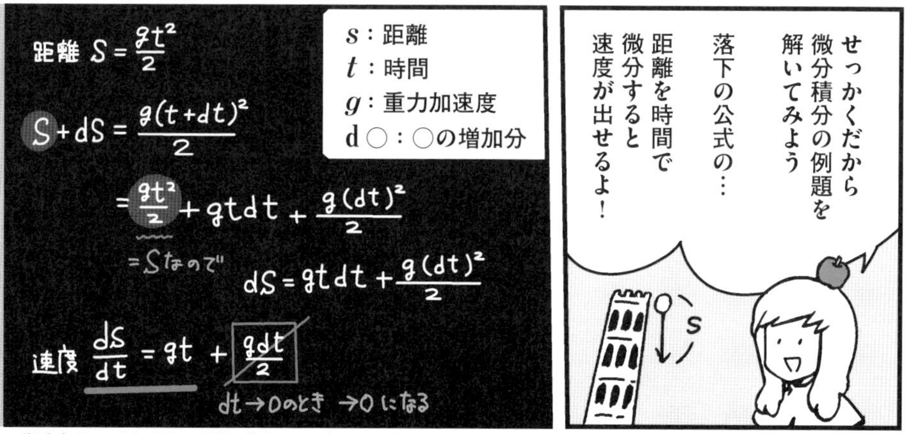

※微分とは…それぞれの増加分を0に近づけ、その傾きを求めること。
ds/dt は「時間 t が増えたときの距離 s の変化量」＝速度を指す。

……ニュートンの排他的《はいた》な押しつけのせいで
イギリスの数学は100年遅れたと言われています
ニュートンは他にも奇人変人エピソードを残してます
哲学者ジョン・ロックに職探しを頼んだときも…
このぼくに相応しい職が見つからない…
焦ることないよ
ずん…
わーっ
他人事だと思って！ひどいや!!
じゃあ造幣局《ぞうへい》はどうだい？
ニセ金対策に科学の力を貸してもらいたい
造幣局ねぇ…
ツ〜
経済を司《つかさど》る立派な仕事だよ

立派な仕事!? ならやる!!
ニセ金作りは皆殺しにするね!
待って 待って 待って
そこまでしなくても
全員 処刑!
ええ…
それでもさすがはニュートン。硬貨の金銀比率を改良し、偽造しにくい意匠《いしょう》を発案した。
この比率は20世紀まで使われたよ〜
モノ相手の仕事は完璧だね
ところで…君 独身だよね? 女性を紹介しようか
女なんて…! 次そんな話をしたら「君なんて死んだ方がいい」と言わせてもらうよ
はんっ
この態度。

ニュートンは実績、態度ともに科学界の王様といえる人物だった。
キメッ
そんなニュートンも真理に対してはこう語っている。
私は真理という大海の海辺で遊ぶ少年に過ぎない
時折 綺麗な貝殻を見つけ出して気晴らしをしているが
真理の大海は全く発見されぬまま目の前に広がっているように思われる
力学の基礎を築いた彼でも…科学の奥深さには敬意を払っていたようですね…
本人の言う通り、２００年後にはその古典力学を覆《くつがえ》す真理の大海「量子力学」が発見されるのだ。

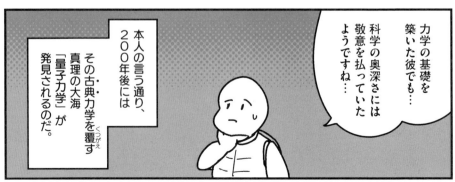

第2章

波動論

——光は波なの？　粒子なの？

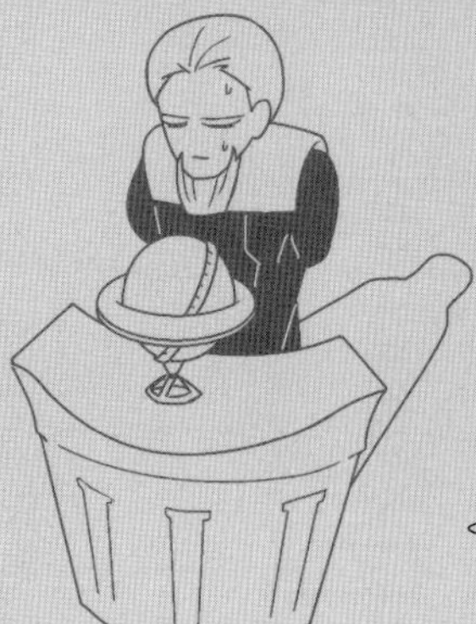

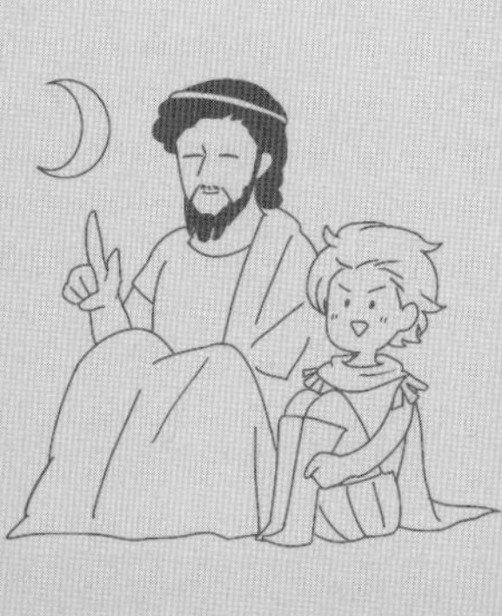

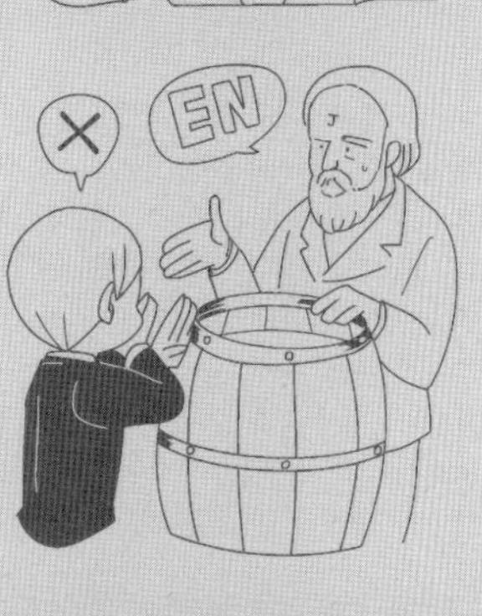

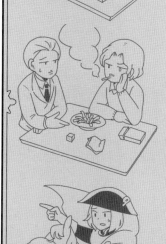

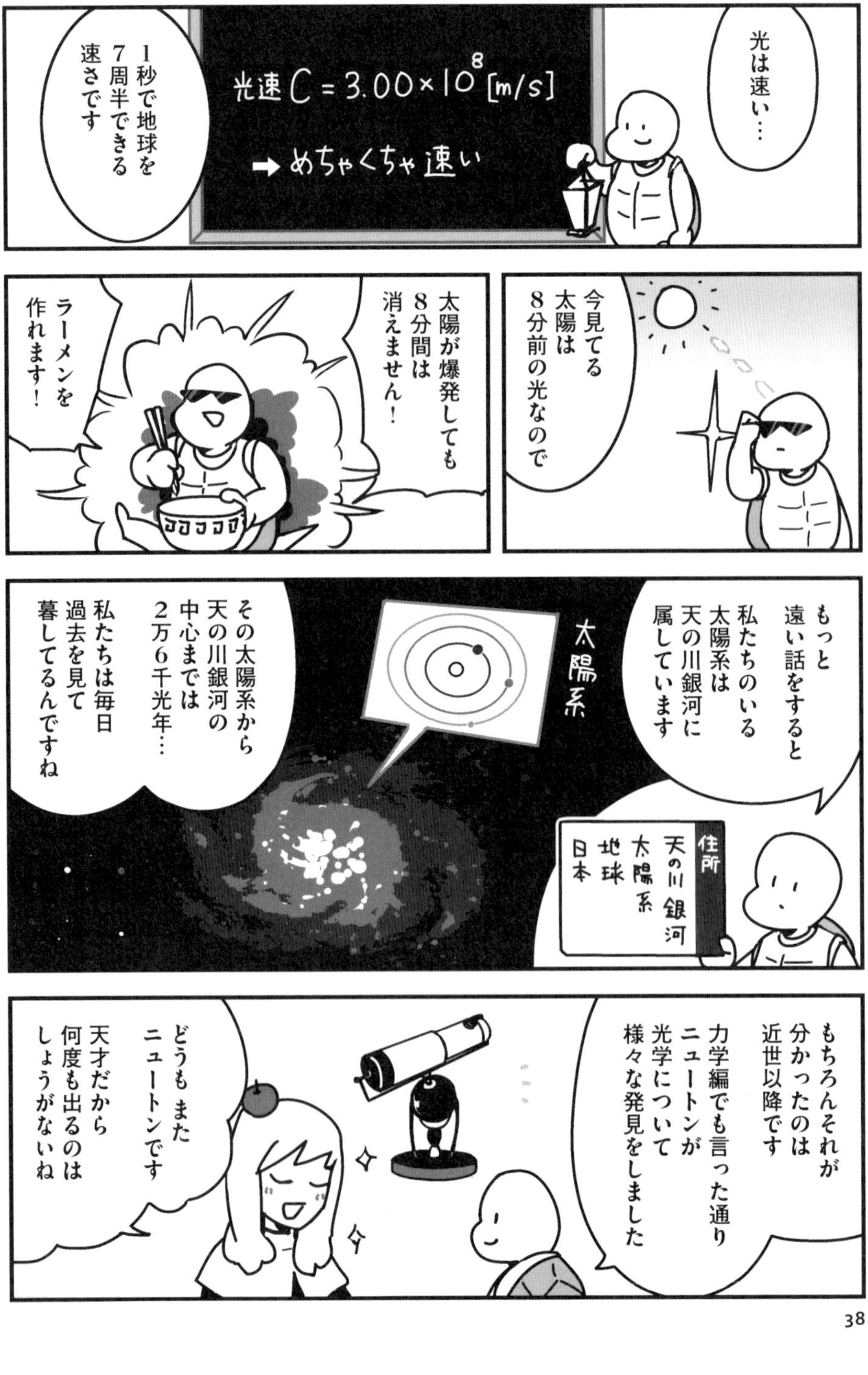
光は速い…
光速 C = 3.00×10⁸ [m/s]
→めちゃくちゃ速い
1秒で地球を7周半できる速さです
今見てる太陽は8分前の光なので
太陽が爆発しても8分間は消えません！
ラーメンを作れます！
もっと遠い話をすると私たちのいる太陽系は天の川銀河に属しています
太陽系
住所
天の川銀河
太陽系
地球
日本
その太陽系から天の川銀河の中心までは2万6千光年…
私たちは毎日過去を見て暮してるんですね
もちろんそれが分かったのは近世以降です
力学編でも言った通りニュートンが光学について様々な発見をしました
どうもまたニュートンです
天才だから何度も出るのはしょうがないね

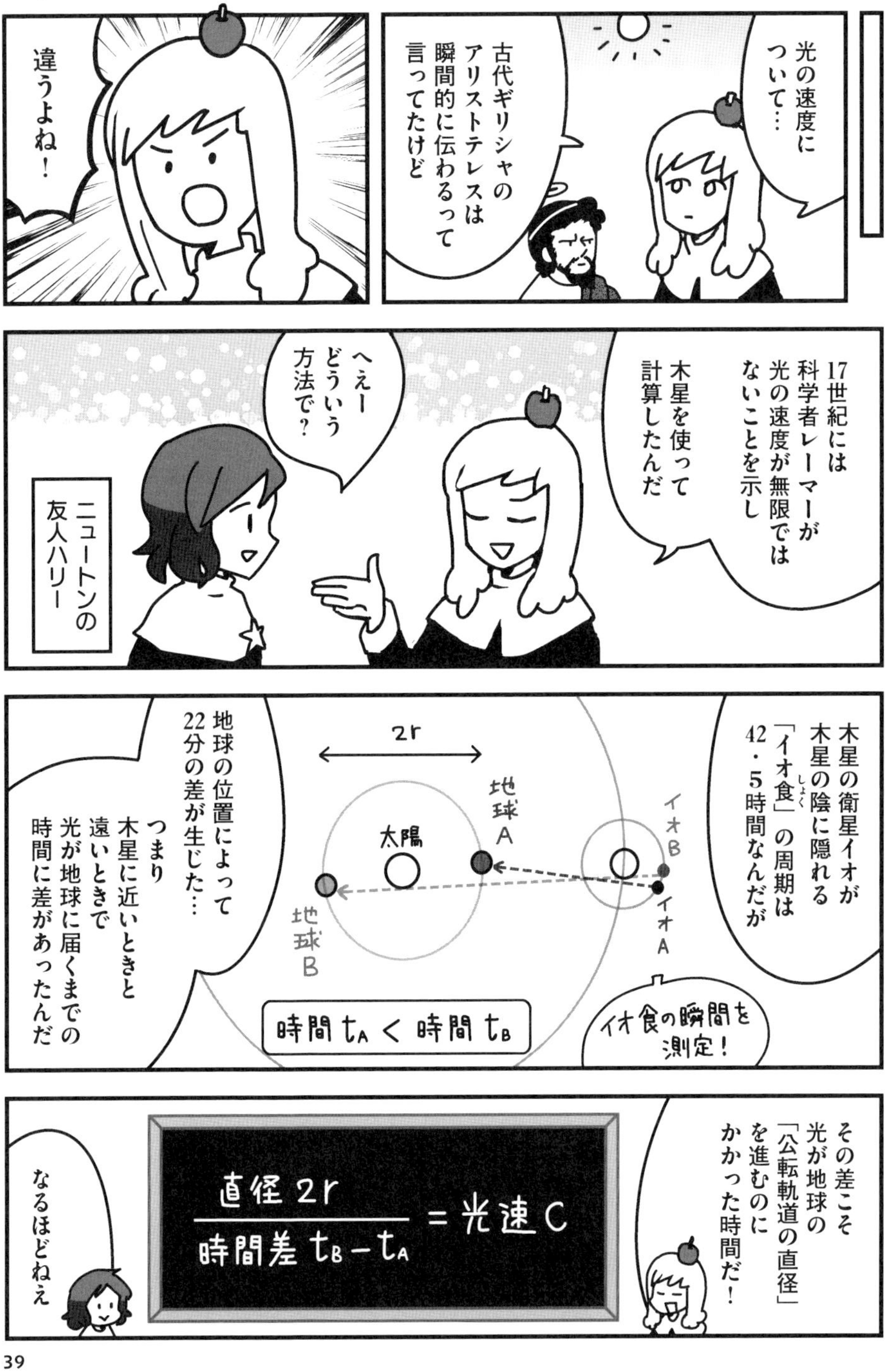
光の速度について…
古代ギリシャのアリストテレスは瞬間的に伝わるって言ってたけど
違うよね！
17世紀には科学者レーマーが光の速度が無限ではないことを示し
木星を使って計算したんだ
へぇーどういう方法で？
ニュートンの友人ハリー
木星の衛星イオが木星の陰に隠れる「イオ食《しょく》」の周期は42・5時間なんだが
地球の位置によって22分の差が生じた…
つまり木星に近いときと遠いときで光が地球に届くまでの時間に差があったんだ
2r
地球A
太陽
地球B
イオB
イオA
時間tA < 時間tB
イオ食の瞬間を測定！
その差こそ光が地球の「公転軌道の直径」を進むのにかかった時間だ！
直径2r / 時間差 tB−tA = 光速C
なるほどねえ

それにしても光ってなんだろ？
光はいくつかの要素を持っている
レンズで屈折し…色によって微妙に性質が違うんだ
へえ〜
で光ってなに？どういう物体？
丸いの？
硬いの？
……
うーん…光は粒子だろうね
複数の色や性質を持ってるし熱量もあるから
でもホイヘンスって人は光は波だと言ってるよ
……
光は粒子だ！向こうがその気なら戦ってやる！

干渉
回折
光電効果
真空中
こうして光の粒子説と波動説のバトルが始まった!!
波か粒子か
科学史決定戦!!

まあどっちも正しいって結論なんだけど
アインシュタイン
ネタバレしないでくれるかな！

一回表
波動論のターン
波動学の基礎を築いた
オランダの科学者
クリスチャン・ホイヘンス
（1629年〜1695年）
あぁの…
ぼくは
ニュートンを
尊敬してるん
ですが
でも光の性質は
波だと思います
そもそも波って
なんなの？
波とは
振動のことです
海には
波がありますが
海が横に動いている
わけではありません
もし動いていたら
海の真ん中が
干上がってしまう。
媒質《ばいしつ》である水が
振動している
だけなんです
媒質…？
？
たとえば
このヒモを
うねうねしても
ヒモはどこにも
行ってないでしょ
ふりふり
エネルギーだけが
媒質＝ヒモを
移動してるんです

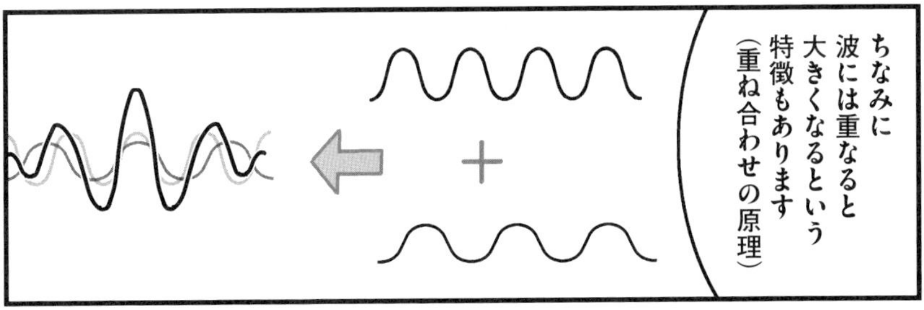

※ Quod Erat Demonstrandum：ラテン語で「証明終わり」の意。

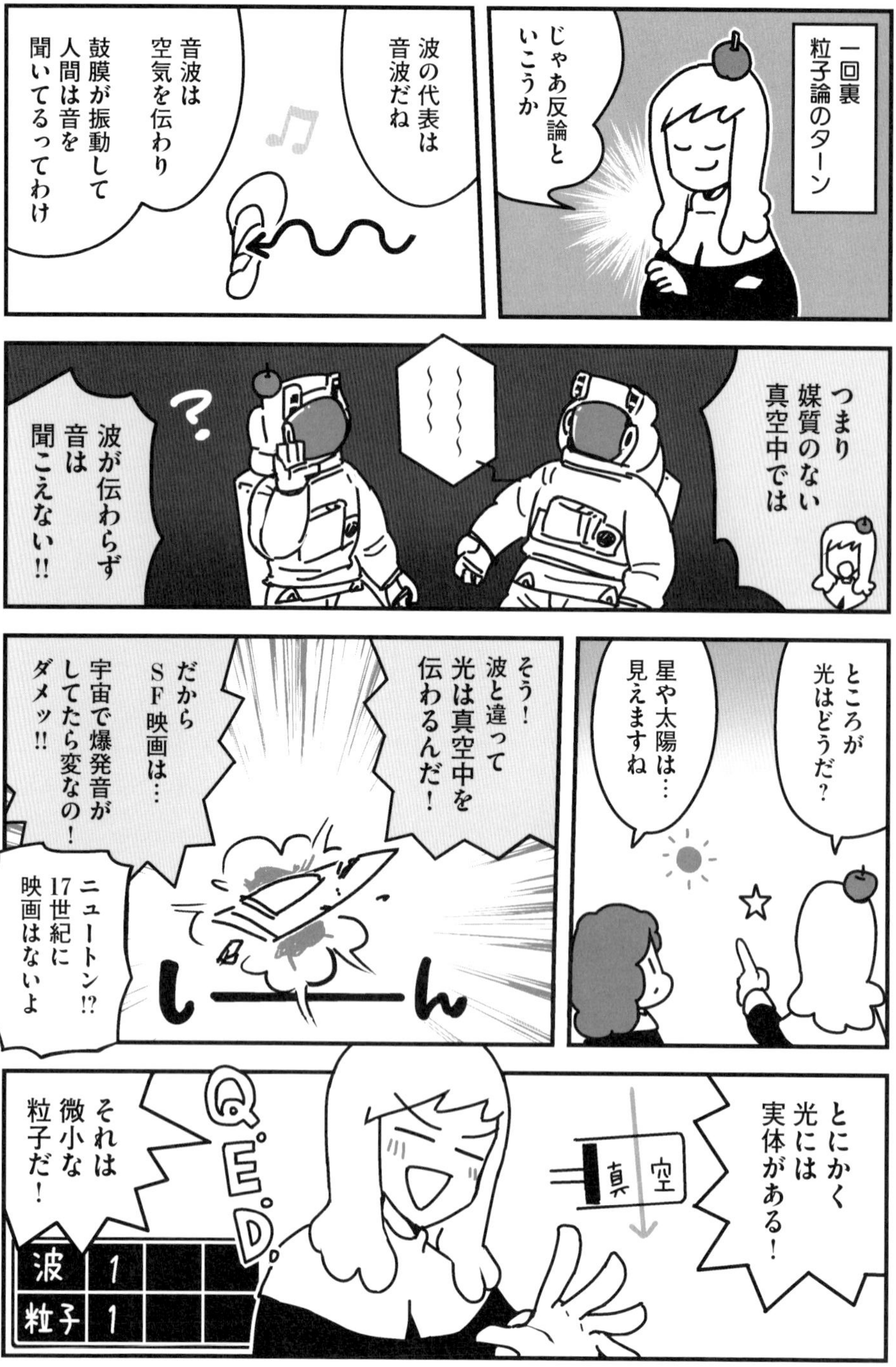
一回裏
粒子論のターン
じゃあ反論と
いこうか
波の代表は
音波だね
音波は
空気を伝わり
鼓膜が振動して
人間は音を
聞いてるってわけ
つまり
媒質のない
真空中では
〜〜〜〜
波が伝わらず
音は
聞こえない!!
ところが
光はどうだ?
星や太陽は…
見えますね
そう!
波と違って
光は真空中を
伝わるんだ!
だから
SF映画は…
宇宙で爆発音が
してたら変なの!
ダメッ!!
ニュートン!?
17世紀に
映画はないよ
しーーん
とにかく
光には
実体がある!
それは
微小な
粒子だ!
Q.E.D.
真空
波 1
粒子 1

二回表
波動論のターン
……
ぼくは宇宙を真空だと思ってません
エーテル
そこから!?

※当時、宇宙には「エーテル」という物質があると考えられていた。(今は否定されている)

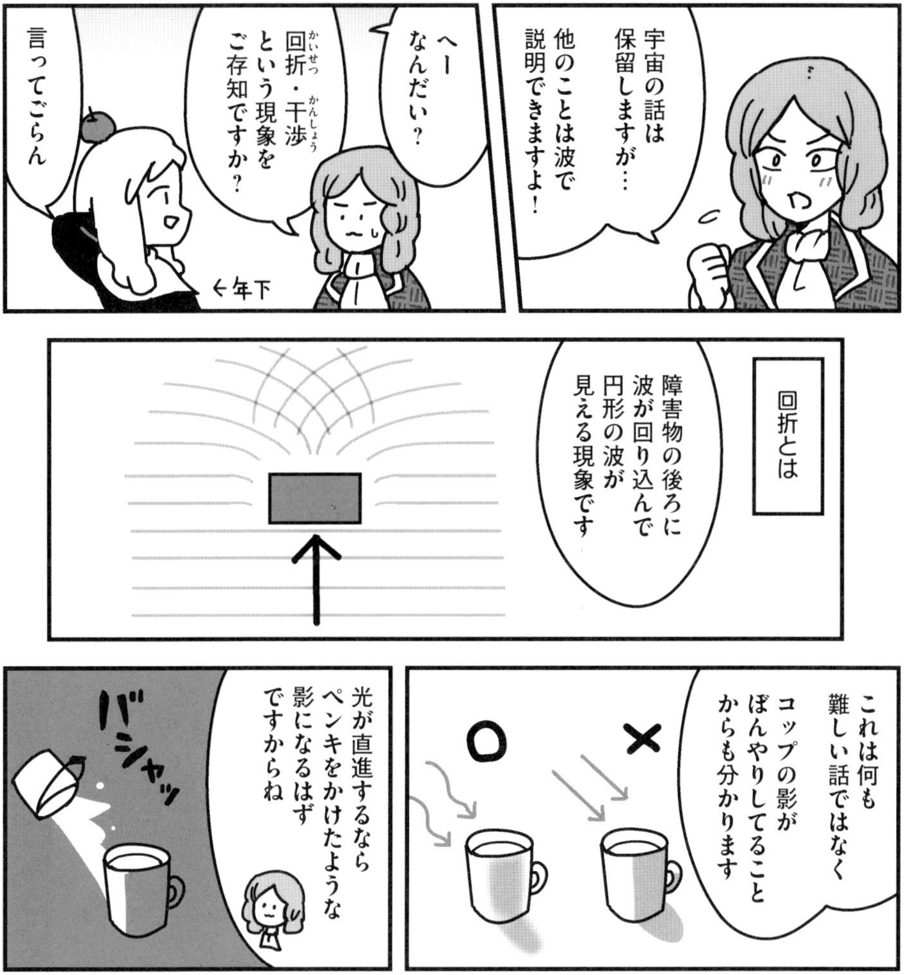
宇宙の話は保留しますが…他のことは波で説明できますよ！
へー なんだい？
回折《かいせつ》・干渉《かんしょう》という現象をご存知ですか？
言ってごらん
←年下
回折とは
障害物の後ろに波が回り込んで円形の波が見える現象です
これは何も難しい話ではなくコップの影がぼんやりしてることからも分かります
○
×
光が直進するならペンキをかけたような影になるはずですからね
バシャッ

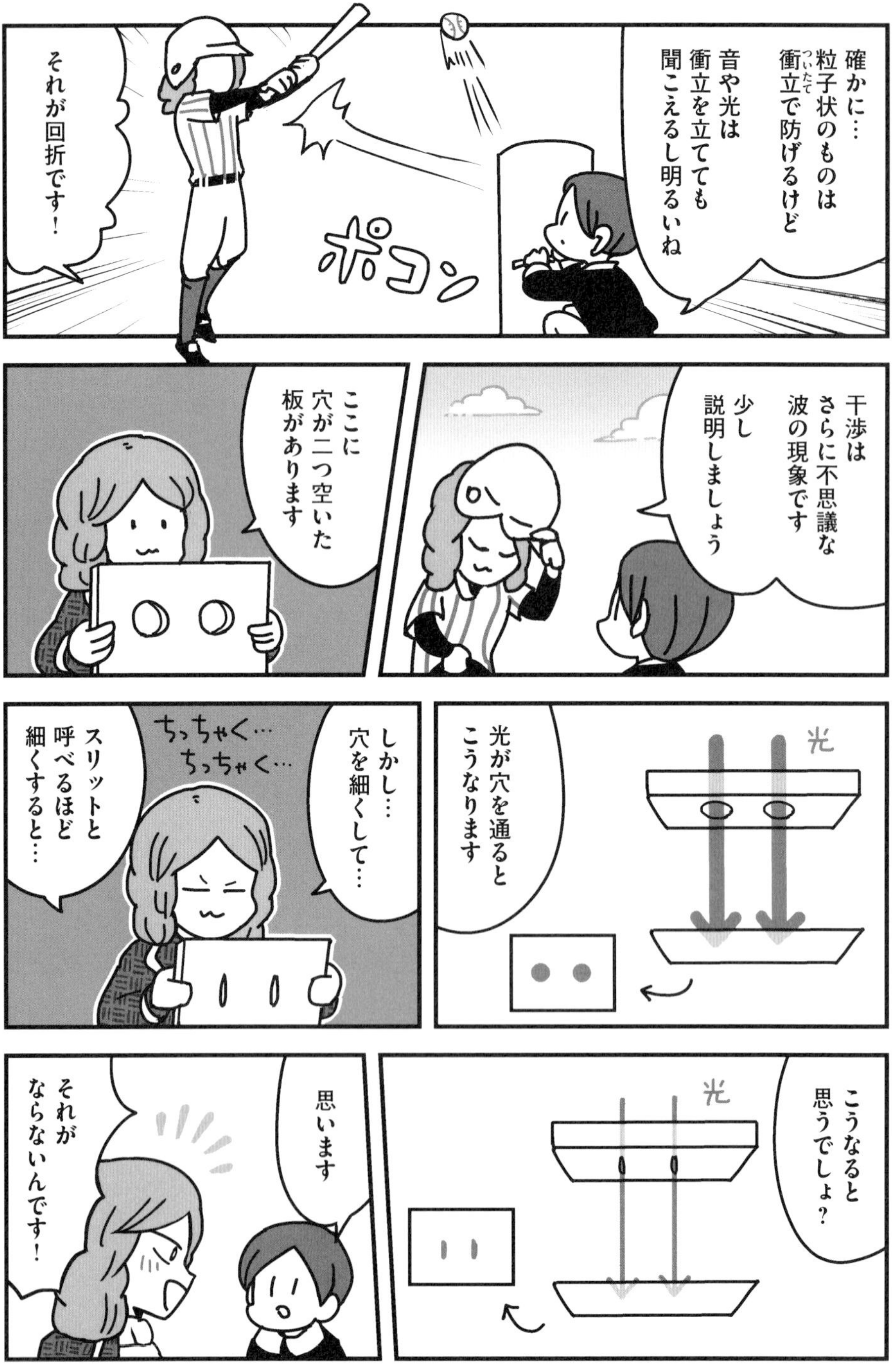

確かに…
粒子状のものは
衝立《ついたて》で防げるけど
音や光は
衝立を立てても
聞こえるし明るいね
ポコン
それが回折です！
干渉は
さらに不思議な
波の現象です
少し
説明しましょう
ここに
穴が二つ空いた
板があります
光が穴を通ると
こうなります
光
しかし…
穴を細くして…
ちっちゃく…
ちっちゃく…
スリットと
呼べるほど
細くすると…
こうなると
思うでしょ？
光
思います
それが
ならないんです！

干渉とは
スリットに光を通すと波が重なり合って強めあう部分と弱めあう部分ができて…
光
波の山の部分
強めあう（波の山＋山、谷＋谷）
弱めあう（波の山＋谷）
その結果こういう干渉縞《じま》が見えるんです！
板
波の回折や干渉などの原理のことを「ホイヘンスの原理」と呼ぶ。
この二つが光が波だという証明になります！
どうですかニュートンさん！
波 1 2
粒子 1
……
ニュートン反論はあるかい？
ニュートン？

二回裏
粒子論のターン
バァーヅ
後世に任す!!!
!?
17世紀は光学研究が未発達だからね
20世紀の科学者アインシュタインの力を借りよう
まさかの展開！
…じゃあ
「光電効果《こうでんこうか》」の説明をしようか
物質中の電子は引力で束縛されてて普通は外へ出てこないが
エネルギーの強い光を当てることで引力を振り切って電子が飛び出すことがわかった
紫外線など
この光電効果は3つの性質を持つ
①波長を変えない場合飛び出す電子の数は光の強さに比例する
②波長の長い光では強い光でも電子が飛び出さない
赤外線
×
③波長の短い光では弱い光でも電子が飛び出す
紫外線
○

これは身近にも見られる現象だ
どれほどまぶしい光を当てても紫外線でなければ日焼けは起きず
紫外線であれば弱い光でも日焼けが起きる
これらのことは光を波だと仮定すると起こりえない現象だが
光を「波長によって異なるエネルギーを持つ粒子の集合」だと仮定したらうまく説明できる
ヒョロ
ムキムキ
赤外線
エネルギー小
紫外線
エネルギー大
つまり光の強さ＝光の個数なんだよ！
個数があるなら光は粒子ってわけだ！
波 1 2
粒子 1 2
ドーン

ほーらね！光は粒子だ
ぐぬぬ…
いや…ぼくの言葉を思い出してほしい
あ
光を「波長によって異なるエネルギーを持つ粒子の集合」だとぼくは言ったよ
マクスウェル方程式というのを組み合わせると光が波動方程式を満たすことがわかる…
$\frac{1}{S^2}\cdot\frac{\partial^2 u}{\partial t^2}=\Delta u$
つまり光＝波は大前提なんだよ
マクスウェル
……
…
結局 勝敗なんてないじゃないか！
そうみたいだね
二人のおかげで光学研究が進んだってことで…
こうして光の論争はひとまず終了した。

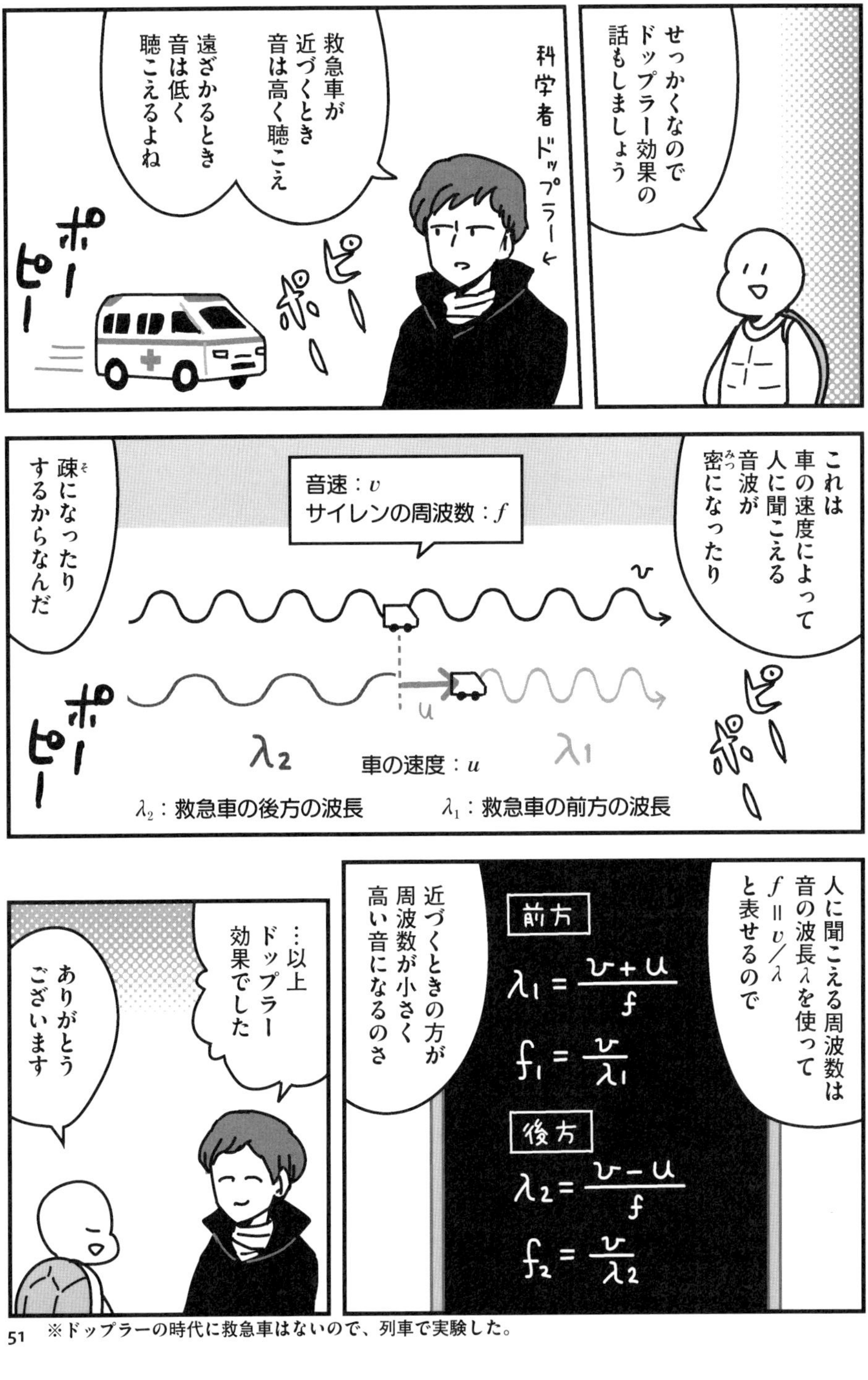

※ドップラーの時代に救急車はないので、列車で実験した。

はみだし偉人コラム②

科学者と聖職者が
近かった時代だからか
ぼくニュートンも
ライプニッツもガリレオも
生涯独身を貫いたよ！

もっともガリレオには
子どもがいたけど…

第3章

電磁気学

―電気を流すと磁石になる！

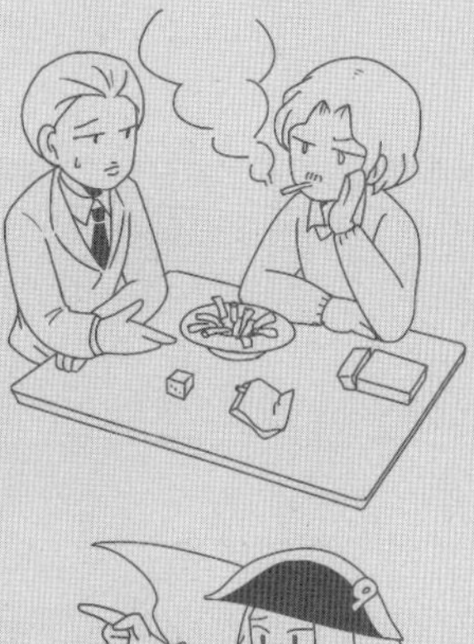

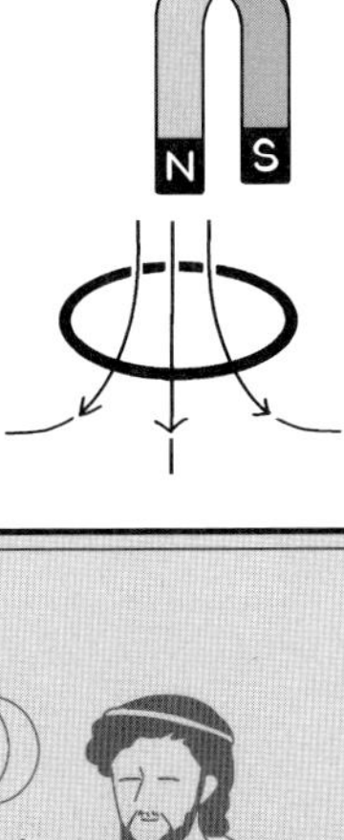

今回の話は電磁気学！
身近にある技術ですね
モーターも発電機も電磁気学の原理を用いているのですから
喫茶店でできる実験を紹介します
２本のストローの端を紙でこすって帯電させ
ストローにボールペンを差して回転できるようにしてやれば
磁石のように引き合う力を見ることができます
くるん
そしてこの時わずかに磁気も発生しているのです
必ずセットでついてくる電力と磁力とは一体何なのか
B
I
N
でんじセット
そんな電磁気学を見ていきましょう

※1833年にやっと『工場法』ができて、週69時間以内労働になった。

つーか
お前なんかにゃ
分からねぇだろ
いえ!!
教養のない
ぼくでも読めた
んですよ!
平民にも
科学は
できるんだ!
はーん
とにかく
手を動かして
くれよ
ファラデーは
一日中働いた後に
勉強を続けた。
この辛抱強さが
どこから
来たかというと
マイケル
教会に
行きますよ
はい
宗教。
ファラデーは
敬虔なクリスチャンで、
日曜礼拝が生きがいの
一つだったのだ。
は〜
そんなある日、
科学の講演会が
開かれることになった。
行って
みようかな

※この生命電気説をテーマに、小説『フランケンシュタイン』は書かれた。

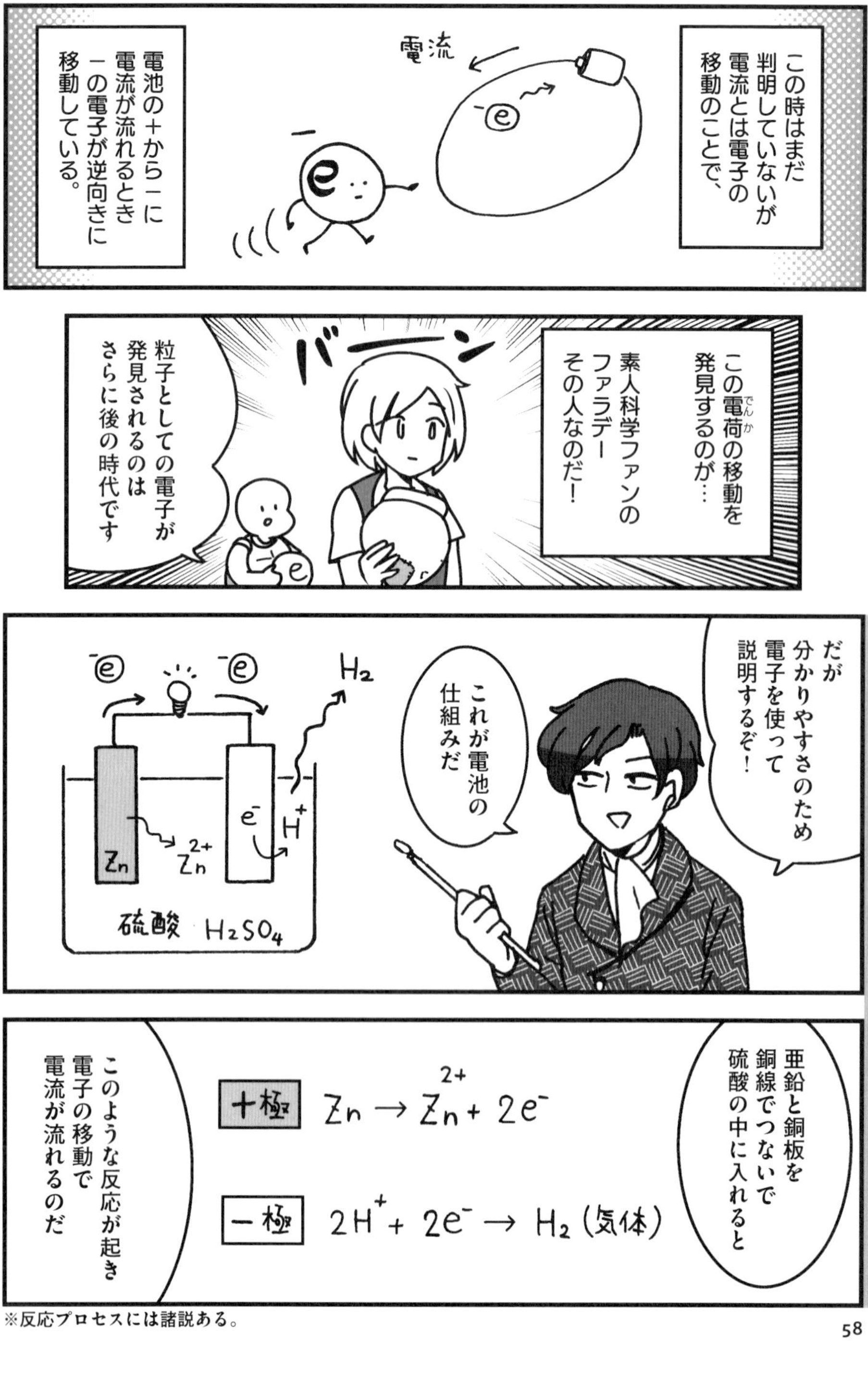

※反応プロセスには諸説ある。

ああっ！
あれがボルタさんが発明した電池か～！
さらにクーロンが電気力に関する法則を発見した
クローン!?
クーロンね…
これは＋と－の電荷が引き付けあう電気の力だ
q_1 q_2
＋と－なら引きつけあう力で＋＋、－－なら離れる力だ
例えばq_1 q_2という電荷をもつ粒子があったとき力Fはこうなる
静電気力 $F_1 = F_2 = k\frac{q_1 q_2}{r^2}$
r
q_1 F_1 F_2 q_2
kは定数（9.0×10^9 [N・m²/C²]）
この力は電荷が大きいほど強く距離が近いほど強い
電荷の大きさに比例
距離の2乗に反比例
万有引力に似てるー!!
$F = G\frac{mM}{r^2}$
質量に比例し距離の2乗に反比例する
おっ

※なんと重力場の存在も確認されるが、それはアインシュタイン以降の話。

先日も「電流の傍においた磁針が振れた」という報告があったがどういう条件で起こるのか分からないんだよー
ただね…化学の分野も今ホットで…新しい元素も発見したいし講義をしてお金稼ぎたいし
上流階級にちやほやされるのも楽しいし
どっ
電流の実験をする時間が足りないよ
デーヴィーは化学での発見が多い科学者だった。
では今日はここまで
電流…磁針…！
デーヴィーさんに代わって実験したあああい！
この講義を聞いてファラデーの電気への興味は爆発した！

その後
デーヴィーさん！
何度か来てくれた子だね！サインあげよう
やさしい！けど違うんです
これ…あなたの講義をぼくがまとめたノートです
ほう…！これはすごい
そのままぼくの講義録として出版できそうだ
そ…そう言ってくださるなら
ぼくを弟子にしてくれませんか！
弟子？
弟子は募集してないんだが
そう言わず！お願いします！
実験助手なら週25シリングで雇ってもいいよ
ウッ
製本屋より安い…けど…
それでも構いません！雇ってください！

1813年 22才のファラデーは デーヴィーの下で 働き始めた。
ハンフリー・デーヴィーは ハンサムで ユーモラス
イギリス王から 騎士の称号を もらうほどの 科学者でしたが
下級の生まれで 上昇志向の強い 人物でもありました
ファラデーは 小卒
今日はサロンに 出席するから 実験は明日ね
はい
ちょっと！ ファラデー！
ははい ハンフリー夫人
私たちの 旅行の用意 まだなの！
早くしてよね
おいおい 彼は 実験助手だよ
給料 払ってるのは こっちでしょ？ やって当然よ
や… やります
あ そう？ 助かるよ

※この時点のファラデーは「磁場の向き」を見つけていないが、わかりやすさのため矢印で表す。

さっそく発表しよう!!
ファラデーの発表は一人をのぞいて好意的に受け止められた。
君のおかげで磁気が発生する条件が分かったよ
あの電池のボルタさんに褒められた!
ヤッター
……おい
ずいぶん楽しそうだな
デーヴィーさん!おかげさまで磁気のー
ワッ
やめろ恥知らず!それは私がやりたいと言っていた実験じゃないか
……
…はっ!
スミマセン…論文にそれを書き忘れました…
スミマセンで済むか!俺の名前を出さなきゃダメだろうが!

論文を訂正して…
ムリだよ
デーヴィーおちつけ
君はその実験を放置してたんだからこれはファラデーの発見だよ
君はもう十分な業績を挙げてるじゃないか弟子の手柄を横取りしなくても…
ボルタ！
この電磁気は世界を変える大発見なんだぞ!?
…まぁね
デーヴィーは電磁気を誰よりも高く評価していた。
ともかくファラデーは科学者として独立し電磁気の本格的な研究を始めた。
ずいっ
んだけどその前に！

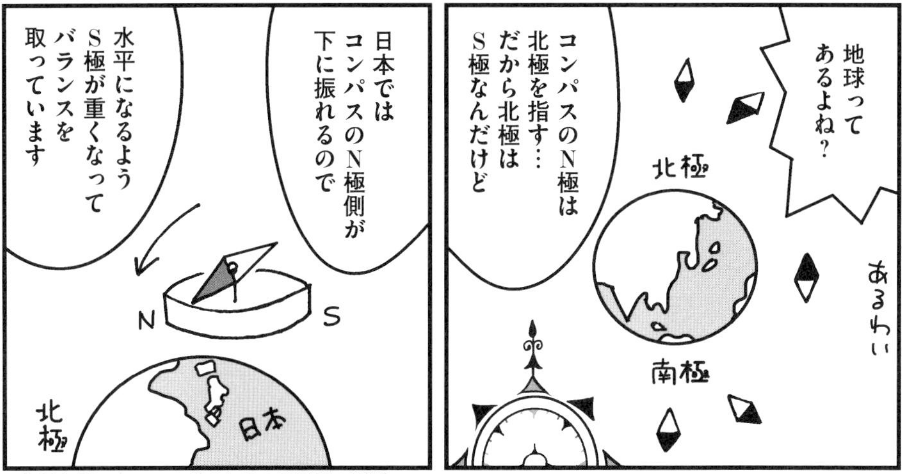

※北極南極にオーロラができるのは磁場の影響。

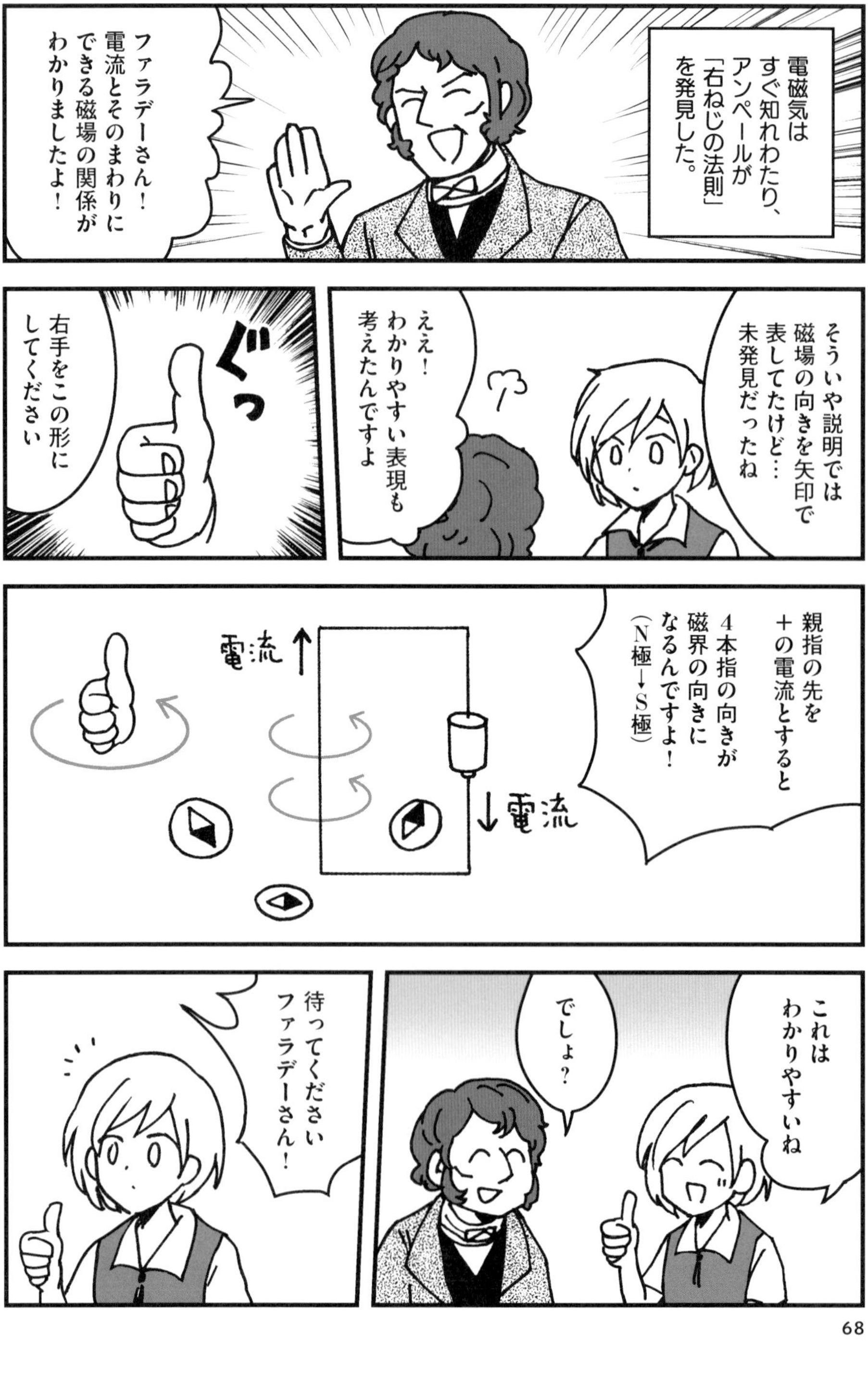
電磁気はすぐ知れわたり、アンペールが「右ねじの法則」を発見した。
ファラデーさん！電流とそのまわりにできる磁場の関係がわかりましたよ！
そういや説明では磁場の向きを矢印で表してたけど…未発見だったね
ええ！わかりやすい表現も考えたんですよ
ぐっ
右手をこの形にしてください
親指の先を＋の電流とすると4本指の向きが磁界の向きになるんですよ！（N極→S極）
電流
電流
これはわかりやすいね
でしょ？
待ってくださいファラデーさん！

フレミング博士…!?
キラッ
その左手は一体何の象徴…!?!
アンペールの法則は素晴らしい…
しかし電流は磁界を作るだけではない
S
N
磁界の中で電流を流すと電流は磁界から力を受けるのです
その電磁力の向きをこの左手の形で表せるのです!
フレミングの左手の法則
力
磁場
電流
人差し指方向の磁場があるところに中指方向の電流が流れるとその電流は親指方向の力を受ける!
ほんとだすごい…
両手で足りるところが気に入ったね
物理の試験中によく見られる光景

ところでファラデーには弱点があった。
あのー
…
磁石のまわりに鉄粉を置いたら磁力線ができるんですよね
N
S
ええ
この磁力線を数式で表すとどうなりますか？
えっ
す…数式…
高等数学が苦手なのである。
？
そのファラデーの実験を「数学的な言語」で表現したのが天才マクスウェル。
こちらはファラデーと逆に実家がお金持ちで、14歳で大学入学の許可をもらうほど頭が良かった。
数学大好き！ファラデーさん！電磁気の数式を考えてみました
div
rot
要はベクトル解析を式にしただけなんですけど
※年上↓

$\mathrm{rot}\,\vec{H} = \vec{J} + \frac{\partial \vec{D}}{\partial t}$
$\mathrm{rot}\,\vec{E} = -\frac{\partial \vec{B}}{\partial t}$
$\mathrm{div}\,\vec{B} = 0$
$\mathrm{div}\,\vec{D} = \rho$
E：電場
D：電束密度
B：磁束密度
H：磁場
ρ：電荷密度 [c/m^3]
J：電流密度 [A/m^2]
バーン
…ごめん ぼくは君の数式を理解できないよ
でも磁気は面白いよね
磁気が伝わるのにかかる時間を調べてみたいんだ
計算じゃなくて実験でですか？
うん実験で
ファラデー博士ってすごいなぁ
それにしても時間か……なるほど…
ファラデーの発言をヒントにしてマクスウェルは電磁波と光の速度が同じだということを発見した。
さらにマクスウェル方程式のおかげで、アインシュタインは特殊相対性理論を発見できたという。
科学は一人でするものじゃないからね 役に立てて嬉しいよ
ファラデーに話を戻そう。

ファラデーは生涯を通して謙虚な姿勢を貫いた。
騎士の称号なんてもらえません
彼は子ども向けにクリスマス講義も行い、その内容の和訳は「ロウソクの科学」にまとめられている。
ロウソクの科学
ファラデー
ファラデーの業績を妬んでいた師匠のデーヴィーも
私が行った中で最も大きな発見はファラデーを見つけたことだ
と言い残したという。
デレるのが遅いんだよ
ヤレヤレ
ボルタ！
ぼくもデーヴィーさんに会えてよかったです
いいって！やめろって！
この本で紹介する科学者の多くは高等教育を受けていましたが
マイケル・ファラデーは科学への興味だけで一分野を切り拓きました
興味を持つのに資格は必要ない——
平凡な私には希望が持てる話です

第4章

熱力学

——エントロピーって何なんだ?

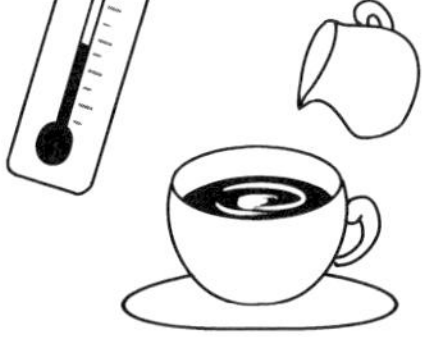

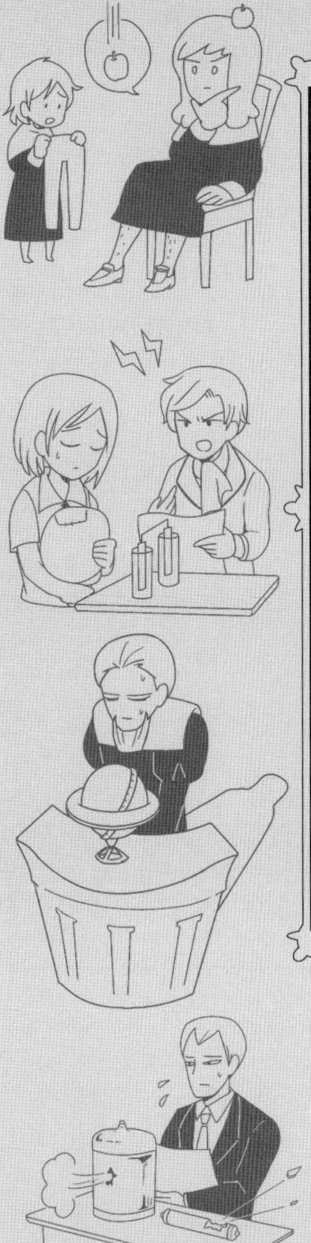

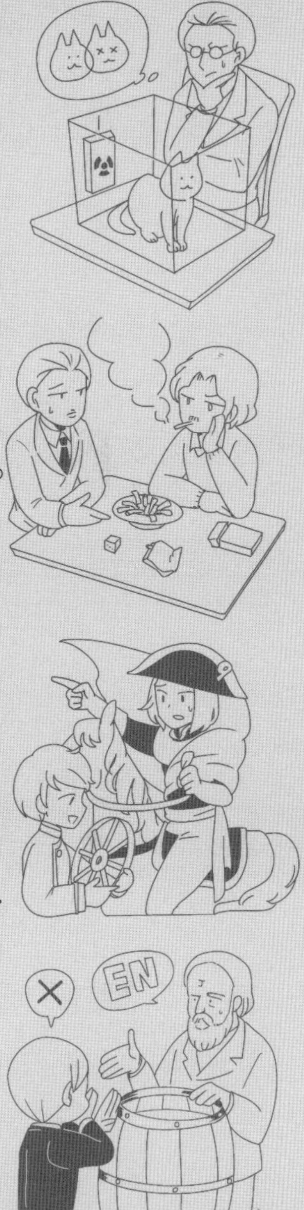

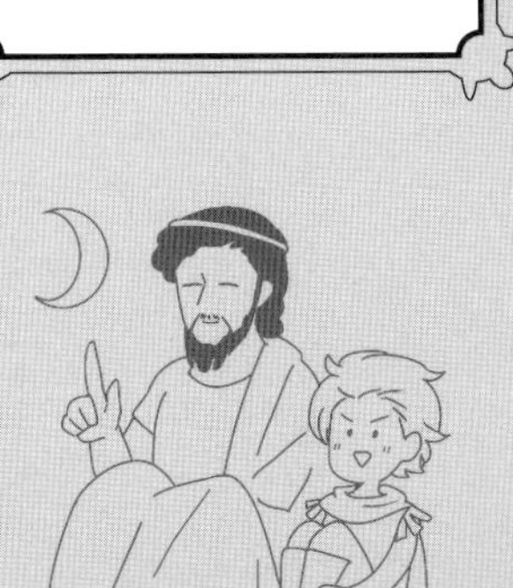

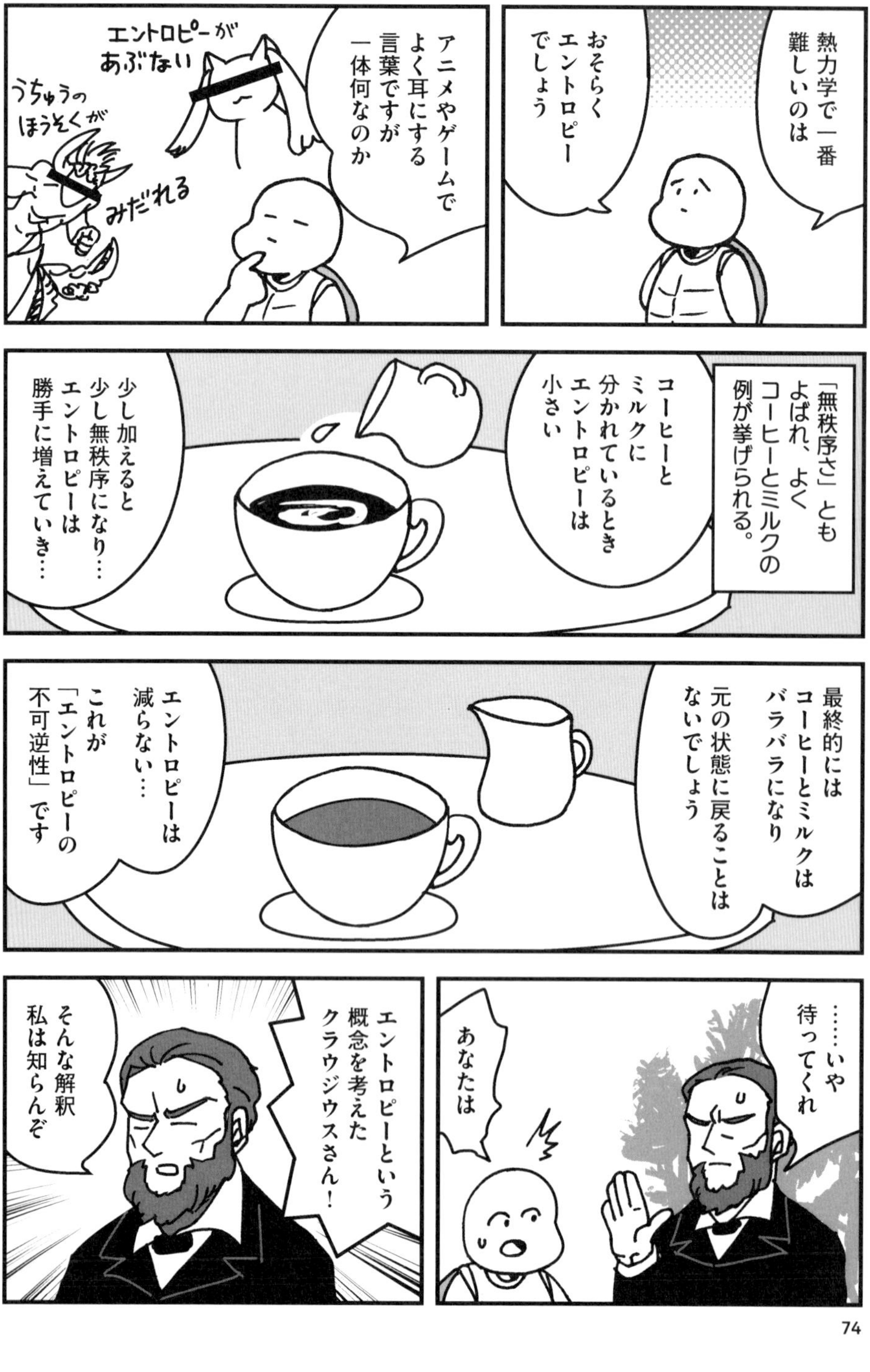
熱力学で一番難しいのは
おそらくエントロピーでしょう
アニメやゲームでよく耳にする言葉ですが一体何なのか
エントロピーがあぶない
うちゅうのほうそくがみだれる
「無秩序さ」ともよばれ、よくコーヒーとミルクの例が挙げられる。
コーヒーとミルクに分かれているときエントロピーは小さい
少し加えると少し無秩序になり…エントロピーは勝手に増えていき…
最終的にはコーヒーとミルクはバラバラになり元の状態に戻ることはないでしょう
エントロピーは減らない…これが「エントロピーの不可逆性」です
……いや待ってくれ
あなたは
エントロピーという概念を考えたクラウジウスさん!
そんな解釈私は知らんぞ

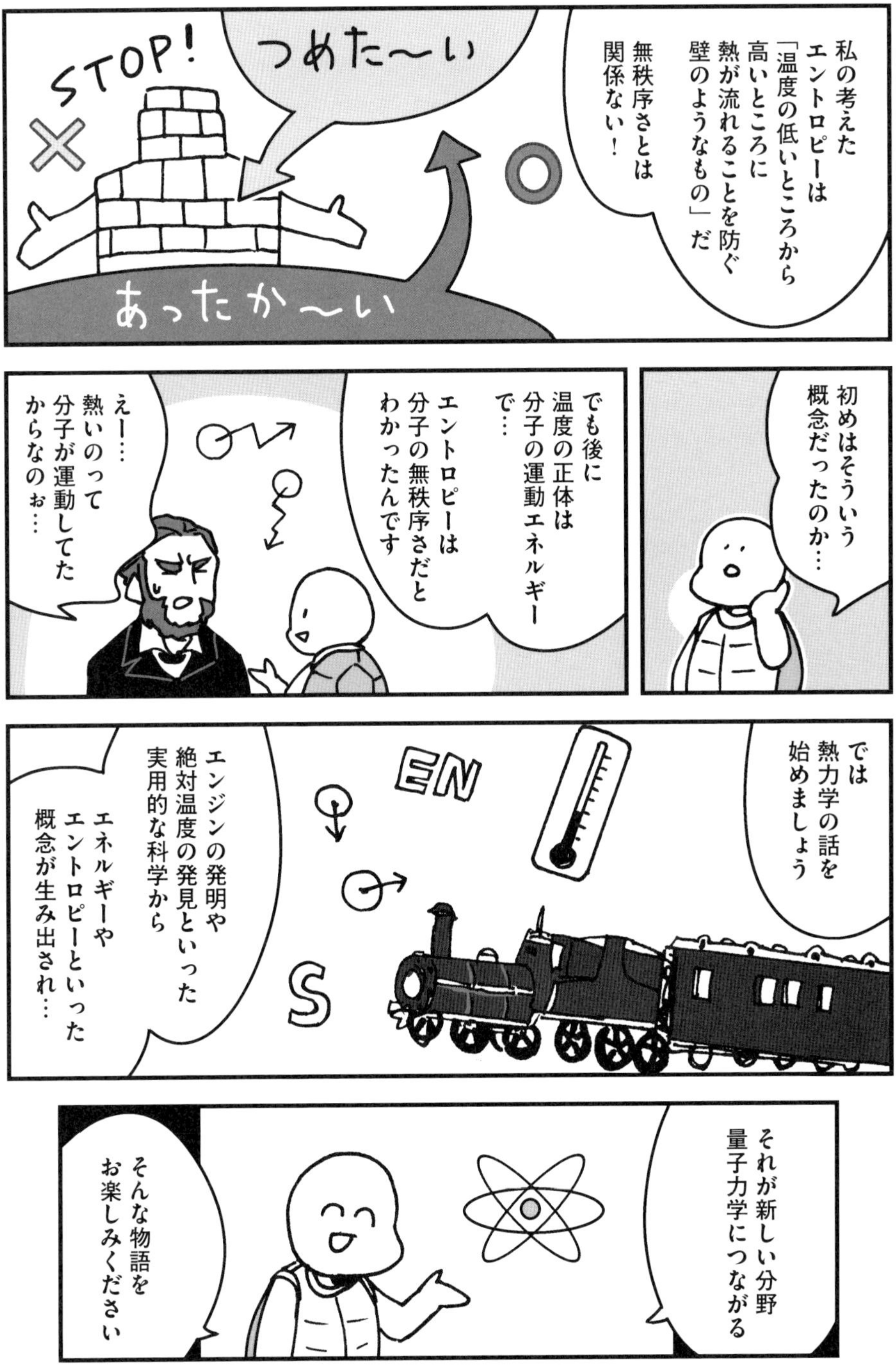
私の考えた
エントロピーは
「温度の低いところから
高いところに
熱が流れることを防ぐ
壁のようなもの」だ
無秩序さとは
関係ない！
STOP!
つめた〜い
あったか〜い
初めはそういう
概念だったのか…
でも後に
温度の正体は
分子の運動エネルギー
で…
エントロピーは
分子の無秩序さだと
わかったんです
えー…
熱いのって
分子が運動してた
からなのぉ…
では
熱力学の話を
始めましょう
エンジンの発明や
絶対温度の発見といった
実用的な科学から
エネルギーや
エントロピーといった
概念が生み出され…
EN
S
それが新しい分野
量子力学につながる
そんな物語を
お楽しみください

熱力学の先陣を切るのは…熱機関《ねつきかん》の研究を始めたサディ・カルノー。（1796年〜1832年）
美形で聡明なフランス軍人でしたが36才で亡くなりました
カルノーの父は愛国心の強い軍人政治家で
リッパーッ
フランス革命中の政権争いに勝ち、ギロチン処刑の嵐を生き残った。
WIN
しかし私はただの政治家…
フランスの未来を託せるのは彼しかいない！
ナポレオン
ボナパルト

幼いカルノーはナポレオンと交流があった。
君の父上には世話になったよ
ほんと!?
もちろん!
彼は科学にも詳しい!
リーダーはこうでなくちゃ
残念ながら今はイギリスの科学力に遅れをとっているが
私は…フランスの科学を世界一にしたいんだよ…!
ってきいてねーし!
カルノーくん一体何をして
おじさんそれ水車!?
ぼく近くで見たの初めて!
どうやって回ってるのか教えてよ!
この坊やは将来有望ですよナポレオン様
そうみたいだね…

カルノーは科学に…
中でもエンジンに
興味があった。
蒸気って便利だなぁ
タービンを回して
粉を引いたり
ポンプを動したり…
いずれは
馬車の代わりに
蒸気が主流に
なるかも
技術者のことを
エンジニアと呼ぶ
ことからわかる通り
近代科学の要は
エンジンだった。
蒸気機関は
石炭を燃やして
出る蒸気によって
動いてるけど
燃料をゼロに…
つまり何もせず
永久に動く機関を
作れないものか
永久機関は
人類のロマン！
W
q_H
$\eta = \frac{W}{q_H}$
熱効率 η
仕事量 W
入ってきた熱 q_H
それを
達成するためには、
エネルギー効率を
考える必要がある。

しかし当時は エネルギーという 概念がなかった。
エッ
それどころか 温度の単位すら 一致してなかった。
エエエッ
つまりこのころは 理論がなく、 こう工夫したら 燃料が節約できたよ～ という試行錯誤を 繰り返していたのだ。
ゴーッ
手さぐりすぎる！ 根本的な原理を 調べなきゃダメだ…！
現実の エンジンの構造は 複雑すぎるから
もっと単純な… 現実には存在しない 理想的なピストンに 置き換えて考えよう！
このピストンの模型は カルノーサイクルと 呼ばれ、 熱力学の基礎として 使われる。
気体
HOT
熱
簡単に理論を 見てみよう。

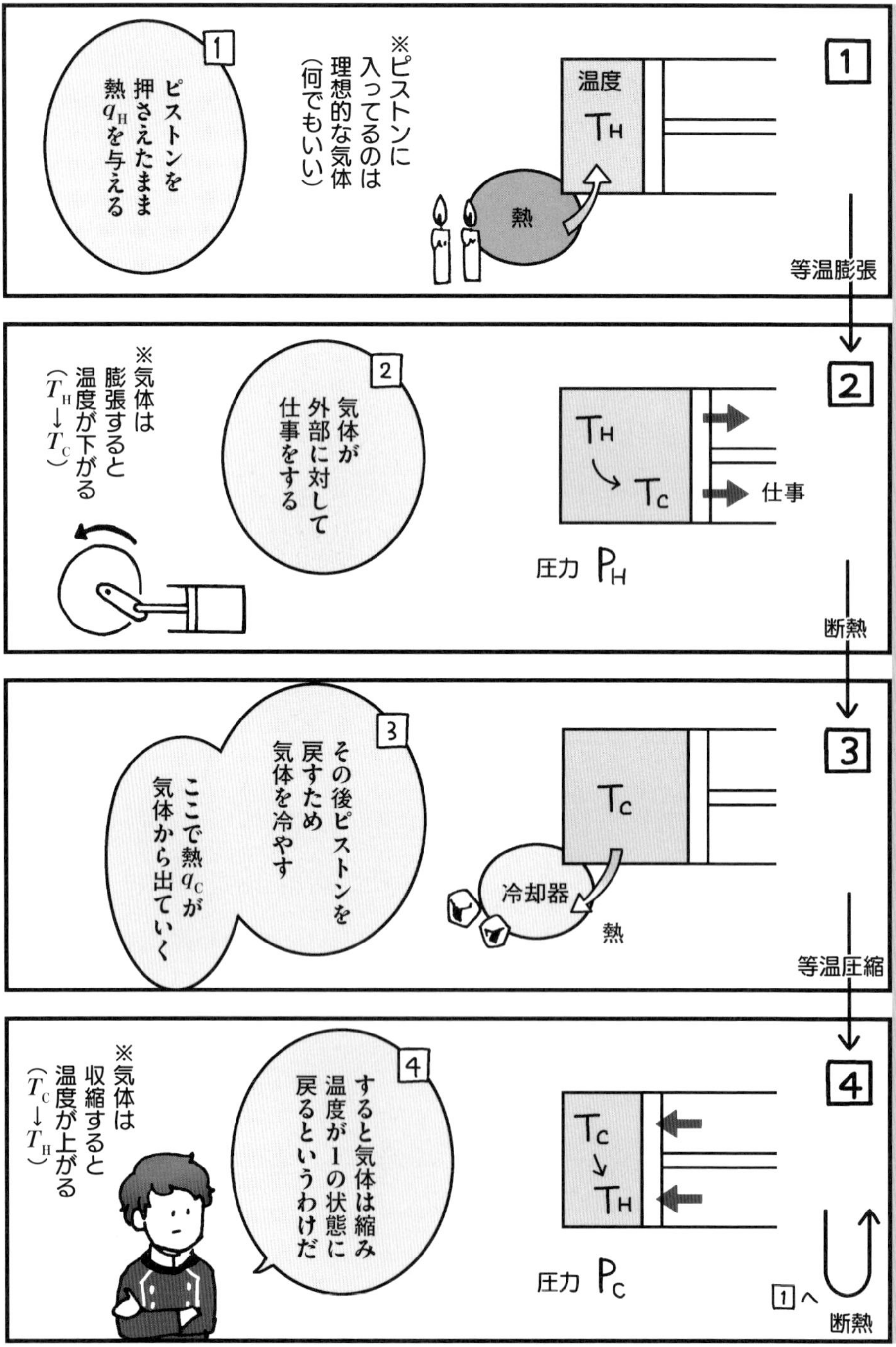
1
温度 T_H
熱
※ピストンに入ってるのは理想的な気体(何でもいい)
ピストンを押さえたまま熱 q_H を与える
等温膨張
2
T_H → T_C
仕事
圧力 P_H
気体が外部に対して仕事をする
※気体は膨張すると温度が下がる(T_H → T_C)
断熱
3
T_C
冷却器
熱
その後ピストンを戻すため気体を冷やす
ここで熱 q_C が気体から出ていく
等温圧縮
4
T_C → T_H
圧力 P_C
すると気体は縮み温度が1の状態に戻るというわけだ
※気体は収縮すると温度が上がる(T_C → T_H)
1へ
断熱

入ってきた熱の一部を捨てながら仕事を行うため $W = q_H - q_C$ となる
圧力P
体積V
1 2 3 4
高温
熱機関
低温
q_H
q_C
W
入ってきた熱　出ていった熱　仕事量
$q_H - q_C = W$ —①
$\frac{q_C}{q_H} = \frac{T_C}{T_H}$ —②
T：絶対温度
加えた熱量 q_H に対してどれ程度仕事をしたのかという熱効率 η は
①②より
$\eta = \frac{W}{q_H} = \frac{q_H - q_C}{q_H} = 1 - \frac{T_C}{T_H}$ —③
まだ熱量 q の概念はないけど分かりやすさのため使うよ
①〜③の式も本当は私より後の時代の発見
熱力学の基礎となるカルノーサイクルだが評価される前に、36才の若さでカルノーは死んだ。
バリッ
そんなことってある!?!
50年後に弟がカルノーの論文を見つけて提出し、
GJ弟
ジュールたちがエネルギーを発見してから再評価されたのだ。
次はジュールの話をします

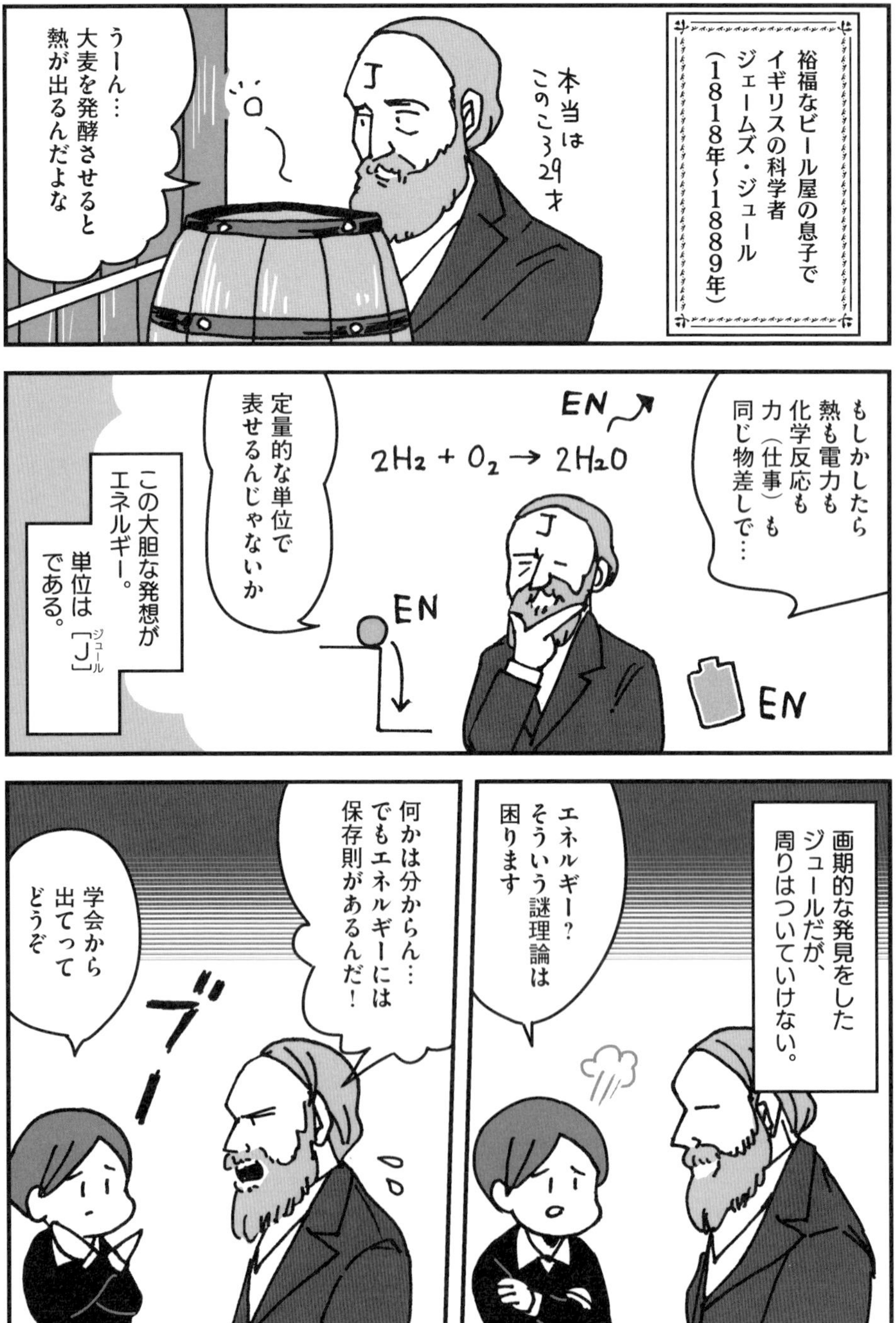

※当時は「熱素」という単位が一般的だった。

そんなジュールの運命を変えたのはウィリアム・トムソンことケルビン卿。
ジュール氏の話は興味深いですね
どころか既存の概念を覆す大発見かもしれません
ケルビン卿は父も兄も大学教授で本人も22才で大学教授になったというスーパーサラブレッド。
絶対温度の発見者でもある。
T = t + 273
[K] [°C]
単位は[K《ケルビン》]です
ケルビン卿が言うならそうかも!!
エネルギー…使ってみよう!
ジュール氏は自宅で実験されてるんですよね?
僭越《せんえつ》ながら私にアイデアがありまして
一緒に実験しませんか
いや…わしは学会を追放されたんで…
29才
23才

みなさん!!
ジュール氏の功績は大きい
今すぐロンドン王立協会にお招きすべきだと思いませんか
え!?
ビール
でも彼はアマチュアなのに…
我々のうち他に誰がエネルギーを発見しましたか?
う…わかったよお招きするよ
これで大丈夫!
私の考えによると温度とエネルギーには関係があり…気体を膨張させると温度が下がるはずです
私の考えはよく当たるんです
ペラペラペラ
ジュール・トムソンの実験として研究しませんか?
あ…うん…
この二人の登場で81ページに書いた①~③の式がやっと確定し、その過程でエネルギー保存を表す「熱力学第一法則」も発見された。
$q_H - q_C = W$ —①
$\frac{q_C}{q_H} = \frac{T_C}{T_H}$ —②
熱効率$\eta = 1 - \frac{T_C}{T_H}$ —③

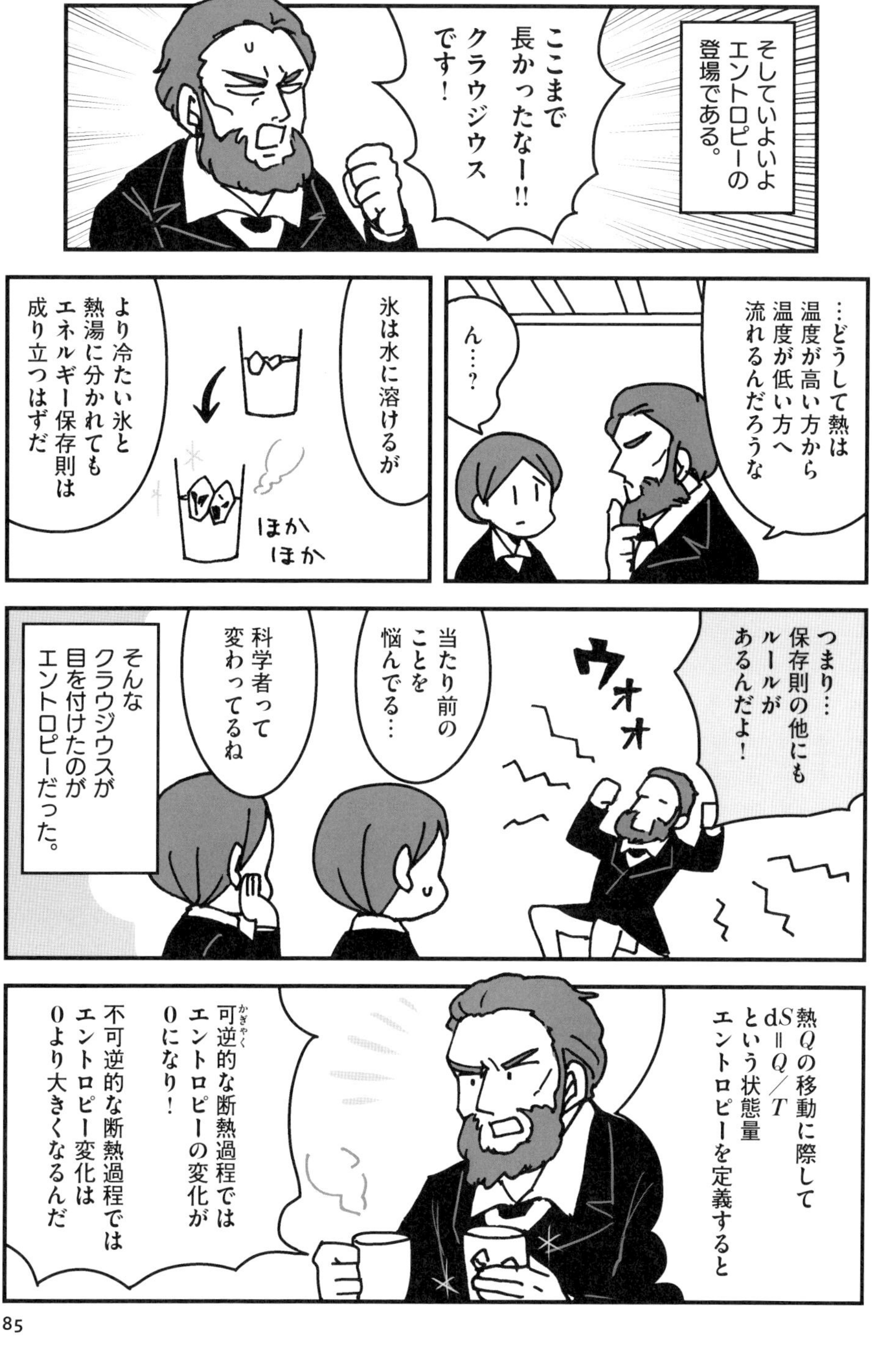
そしていよいよエントロピーの登場である。
ここまで長かったなー!! クラウジウスです！
…どうして熱は温度が高い方から温度が低い方へ流れるんだろうな
ん…？
氷は水に溶けるが
ほかほか
より冷たい氷と熱湯に分かれてもエネルギー保存則は成り立つはずだ
つまり…保存則の他にもルールがあるんだよ！
ウオオ
当たり前のことを悩んでる…
科学者って変わってるね
そんなクラウジウスが目を付けたのがエントロピーだった。
熱Qの移動に際して $\mathrm{d}S=Q/T$ という状態量エントロピーを定義すると
可逆《かぎゃく》的な断熱過程ではエントロピーの変化が0になり！
不可逆的な断熱過程ではエントロピー変化は0より大きくなるんだ

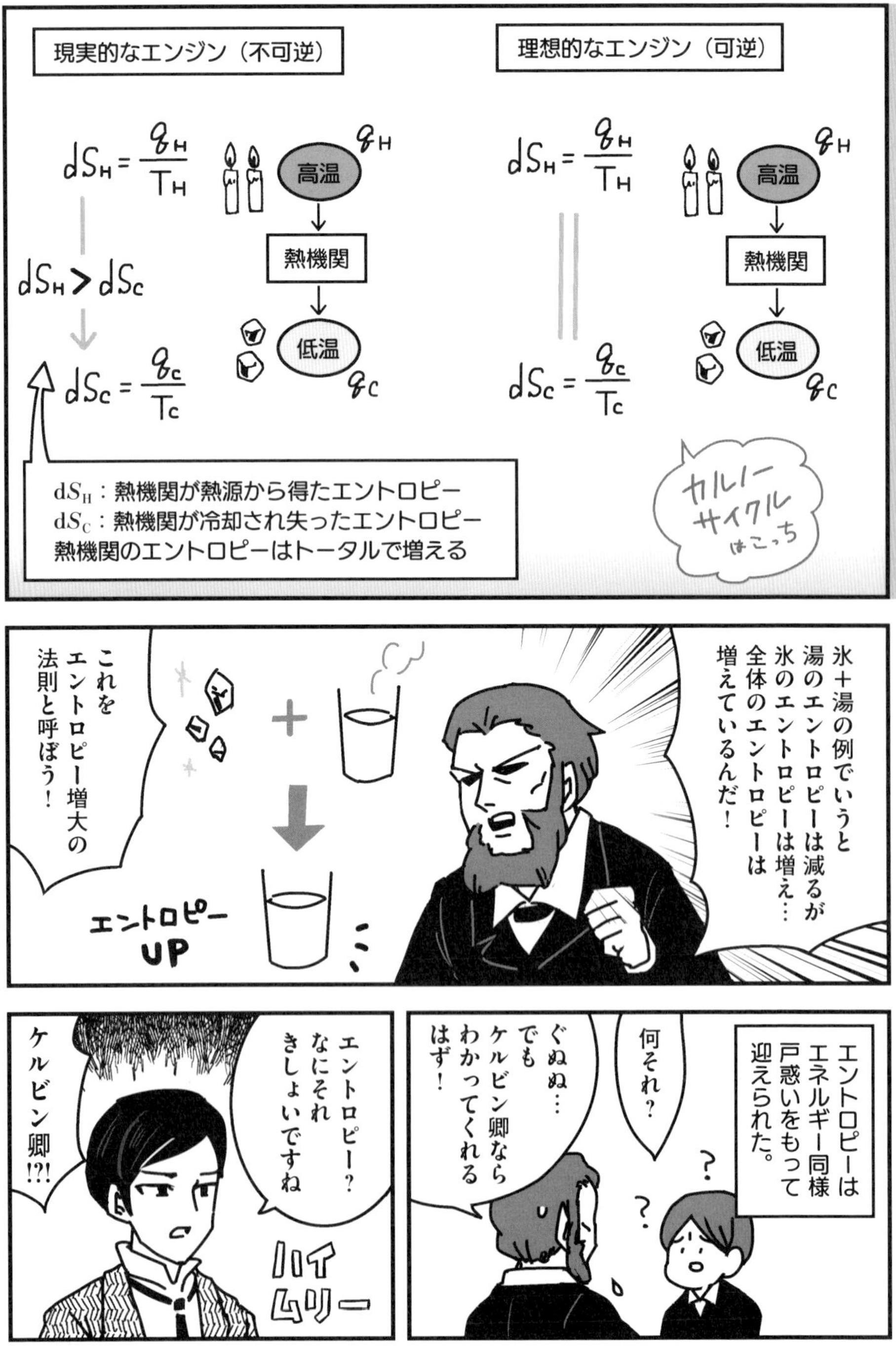

現実的なエンジン（不可逆）
$dS_H = \frac{q_H}{T_H}$
$dS_H > dS_C$
$dS_C = \frac{q_C}{T_C}$
高温
熱機関
低温
q_H
q_C
dS_H：熱機関が熱源から得たエントロピー
dS_C：熱機関が冷却され失ったエントロピー
熱機関のエントロピーはトータルで増える
理想的なエンジン（可逆）
$dS_H = \frac{q_H}{T_H}$
$dS_C = \frac{q_C}{T_C}$
高温
熱機関
低温
q_H
q_C
カルノーサイクルはこっち
氷＋湯の例でいうと湯のエントロピーは減るが氷のエントロピーは増え…全体のエントロピーは増えているんだ！
これをエントロピー増大の法則と呼ぼう！
エントロピーUP
エントロピーはエネルギー同様戸惑いをもって迎えられた。
何それ？
ぐぬぬ…でもケルビン卿ならわかってくれるはず！
？
？
エントロピー？なにそれきしょいですね
ケルビン卿!?!
ハイムリー

きしょがられつつも
エントロピーは増大する
熱は温度の低いところから高いところに自発的に移動しない
まぁたしかに
という彼の主張は正しいと分かり、熱力学の第二法則として認められた。
ここに熱力学の三種の神器がそろった！
エネルギー
Q
[J]
J
ジュール
絶対温度
T
[K]
ケルビン
エントロピー
S
[J/K]
クラウジウス
余談ですが日常的に使われる温度も…なんだか不思議ですよね
マイナス273℃ですべての分子が動きを止めるなんて…
けっこうな驚きではありませんか？

3つの中でもエントロピーは難解だった。
なんで熱を温度で割るのか
?
なんで増大するのか全然わからん
うう…わしもわからん…
ぼくに一つアイデアがあります
ここで登場したのが科学界の巨匠マクスウェル。（1831年〜1879年）
どうも電磁気学編でも活躍したマクスウェルです
実はぼく気体分子の「速度分布」を求めてそこから気体のエネルギーを計算してみせたんですが
気体分子とエントロピーの間には密接な関係があると思うんですよ
関係か…
結論から言うとこれはその通りで
エントロピーとは「分子がとりうる状態の数」だったのだ。

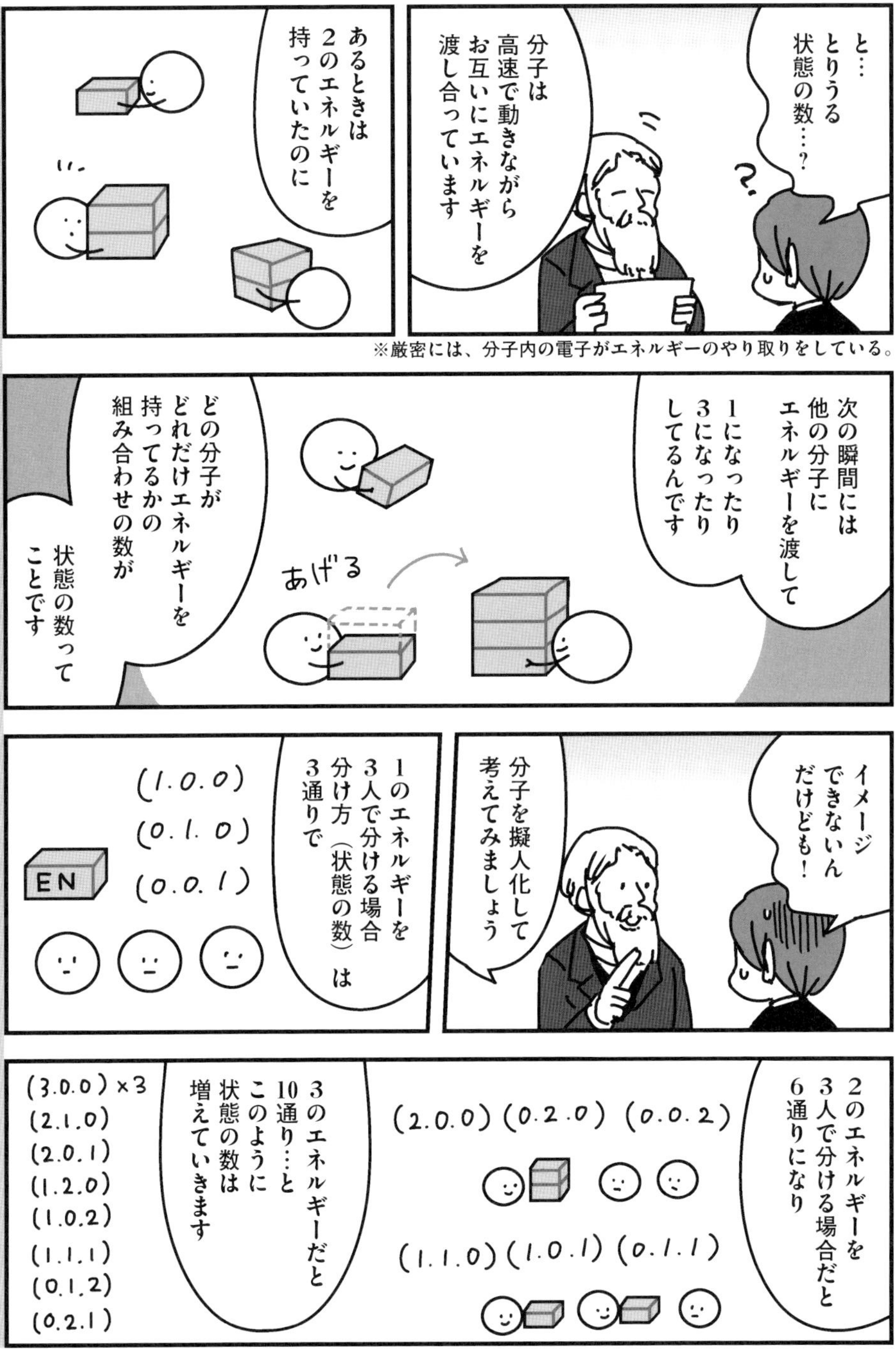

※厳密には、分子内の電子がエネルギーのやり取りをしている。

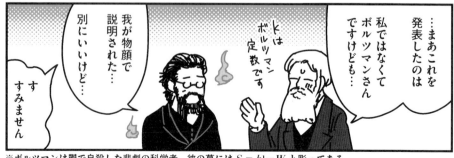

※ボルツマンは鬱で自殺した悲劇の科学者。彼の墓には $S = k\log W$ と彫ってある。

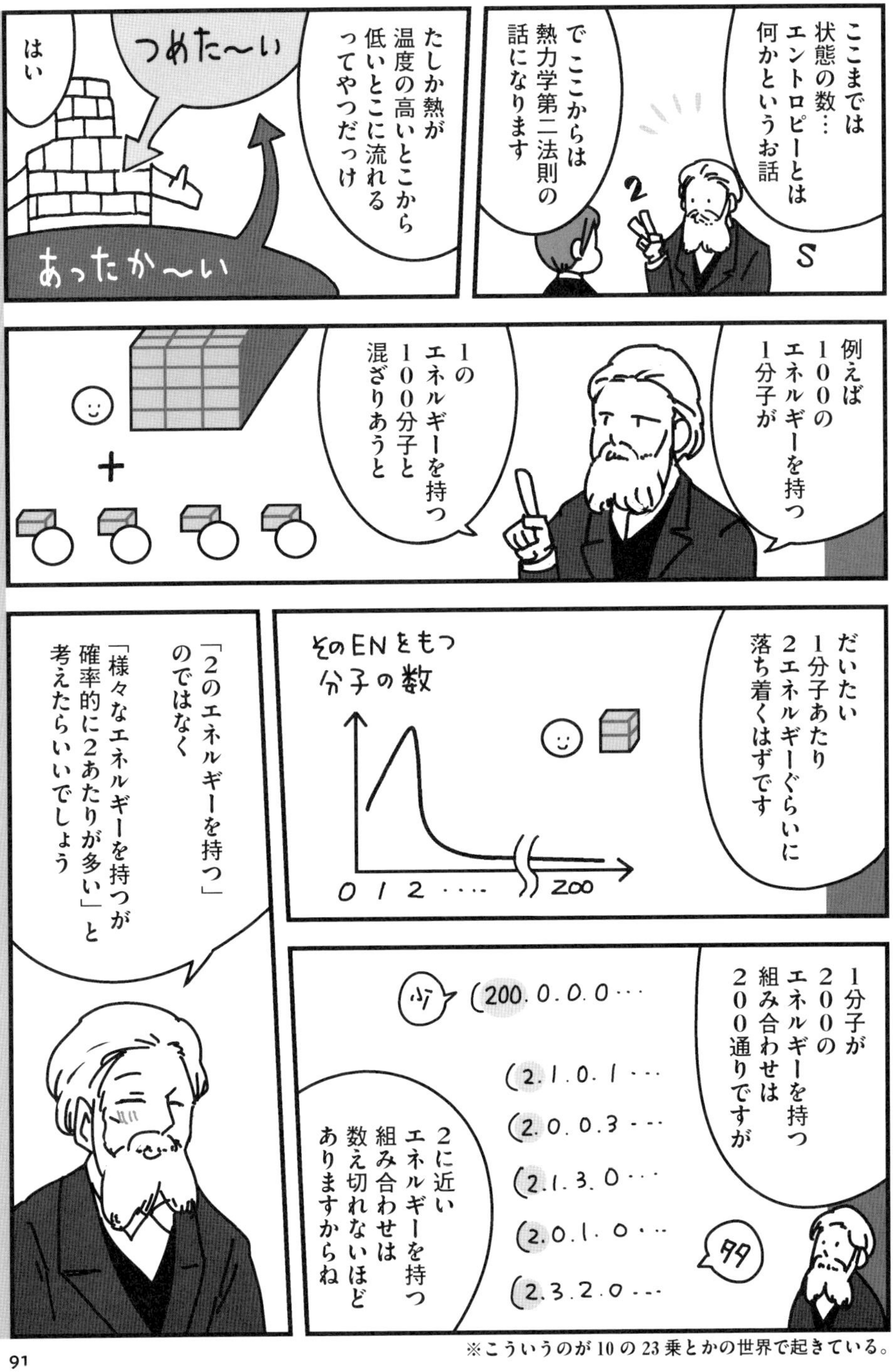

※こういうのが10の23乗とかの世界で起きている。

つまり…エントロピーは分子が持つエネルギーの「状態の数」で一度増えた「状態の数」は減らないってことか
それが冒頭で話した「エントロピーの不可逆性」ですね
……
(0.1.2.2…
(1.1.3.1…
(2.1.2…
で でもさ
エネルギーって小数になることもあるでしょ？
なんで整数倍のエネルギーを受け取ることになってるの？
さぁ
さぁ!?
そう計算すると実世界と合うんですそれでよくないですか？
よくない！なぜなのか知りたいよ！
うーん…でも実際に整数倍のエネルギーを受け取ってるわけじゃないと思いますよ
そう
量子力学を知るまで「分子がある値の整数倍のエネルギーを受け取る」なんて誰も思っていなかった。

実際には電子は
決まった軌道上を
動くので
決まったエネルギーを
受け取ります
原子核
がその話は
次の章でするとして
熱力学のまとめを
しましょう
まずはカルノー。
エンジンを
モデル化して
理論を作った
次にジュールと
ケルビン卿。
エネルギーと
絶対温度を
導入しました
そして
クラウジウスと
ボルツマンと
マクスウェル。
エントロピーを
生み出し
計算式を見つけた
ズラーーッ
長い歴史と
多くの科学者が
作り上げた
熱力学…
P
V
なんとも
熱いロマンを
感じますね

こぼれ話 1

アメリカの科学者。ウィラード・ギブズ（1839年〜1903年）
リアル
自由エネルギーについての発見が有名ですね
アメリカの片田舎に生まれ、死ぬまでそこで過ごしたギブズは
薄給の大学教授だった。
生徒ウケ悪くて稼げないいな
研究し放題だからいいけど
そんなある日
おいギブズ 今の流行はなんといっても熱力学だぜ！ マクスウェル先生の本が面白いから読んでみろよ！
…
なにこれおもろ
な⁉

マクスウェル先生は
マジ天才だぜ〜
気体の速度分布から
エネルギーを
計算できるんだぜ
魔法使いかよ…
あれっ
エントロピーの
記述が少しおかしいぞ
訂正文を送ってやろう
仕方ないにゃあ
何言ってるの⁉
上のコマ読んだ⁉
イギリス
アメリカ
無名のおっさんから
訂正文をもらった
マクスウェル。

※マクスウェルは遺族に頼まれて、キャベンディッシュの論文をまとめたりしている。

ギブズは論文を出したが
マクスウェル先生って変わってるね
私は生徒ウケ悪いのに…
140ページでその中に数式は353もあった。
薄い本が厚い！
削るところがなくて
これを読んだある教授はこう言った。
ごめん…難しい…
理解できるのはマクスウェル先生ぐらいだと思う…
ギブズの論文は正しかったが、
← 理解できた
あまりに難しいので他の科学者たちで注釈をつけた結果…
正しいけど正しすぎてなんの比喩や説明もない
これだから天才は困る
10倍に膨れ上がった。
ウッソだろ!!
1300P

はみだし偉人コラム③

メートル法など単位を統一して決めたのは、フランス革命の時代なんだよ！
それまでは同じ単位でもブレがあったんだ

第5章

量子力学

——神はサイコロを振ったのか？

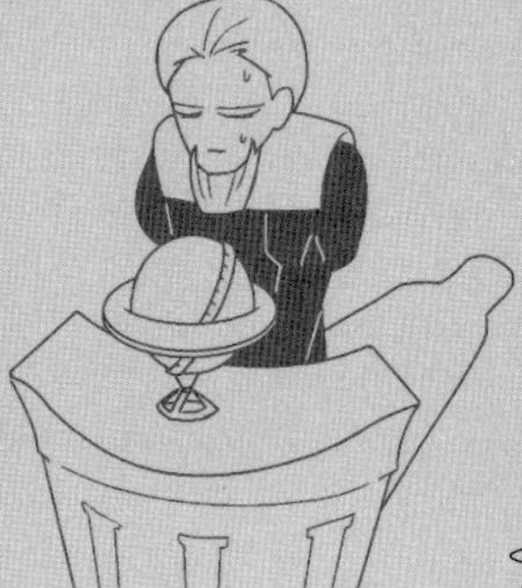

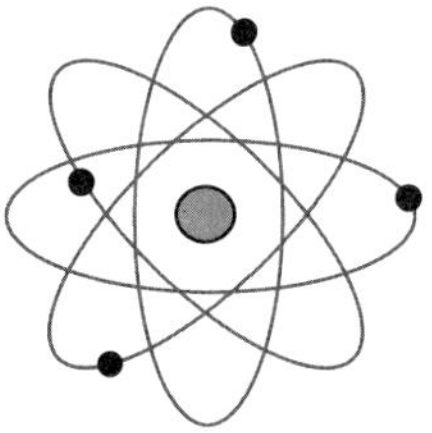

いよいよ量子力学の登場です…
ニュートンは
物体は初期条件を決めてやればその挙動を説明できるんだよ
F=ma だよ
宇宙の法則だよ！
と考えていた。
そしてニュートン力学は世界中で大流行した
がしかし！
どうやらミクロな…原子の世界では運動方程式は成り立たないようです
えっ
ほんとだ揺らぎがある
ね
えっえっ
ニュートン力学のことを古典力学と呼ぶようにしよう
ンッ
ちょっと…
ええ…
ぼくを時代遅れって…失礼すぎない？
鬼かよ
物理学は学説を塗り替えて進歩していく…
科学者は人の子を殺し、いつか自分の子を殺される運命にあるのだ。

量子力学の世界は
1900年
マックス・プランクに
よって開かれた。
（1858年～1947年）
常識を覆す新しい
分野を見つけましたが
本人は保守的な
ドイツ人でした
プランクについて
アインシュタインは
こう言った。
彼から受けた恩恵は
他の人から受けた
全ての恩恵より
大きい
プランクは先祖も
カッチリしてるし
公務員
神学教授
弁護士
本人も
カッチリカッチリ
していた。
ドイツのために
頑張るぞい
若いころ
音楽家を目指した
こともあったが
音楽家に
なれるだろうか
なるかどうか
人に相談するぐらいの
覚悟ならやめとけ
確かに
やめてくれてよかった。
（科学の発展的な意味で）

今ドイツでは良質な鉄が必要なんだ
うん
そのためには溶鉱炉の温度を測る必要がある
うん
だから私は高温の物質が放つ光の色（波長）と温度の関係を実験をしていたのだ
ピカァ
わかりやすい目的と実験だー！
今までこんなにわかりやすい人がいたかな!?
私はわかりやすいことが好きだ
カッチリ
いいね！
…しかし
その過程で新発見をしてしまったのだ…
カッチリ…
……そうなんだ…
この…光のエネルギーがある最小単位の整数倍を取るという「量子仮説」…
少し長くなるが説明させてくれ

※黒体に近い働きをする炉はあるから、安心してほしい。

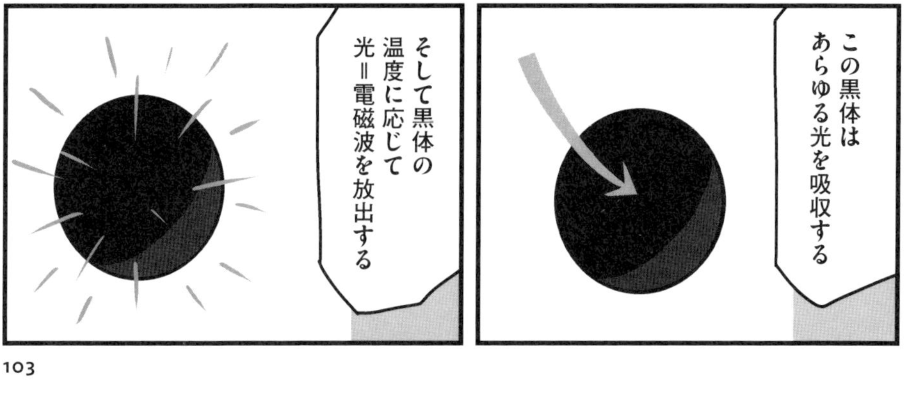

※しつこいけど黒体に近い炉が存在する。

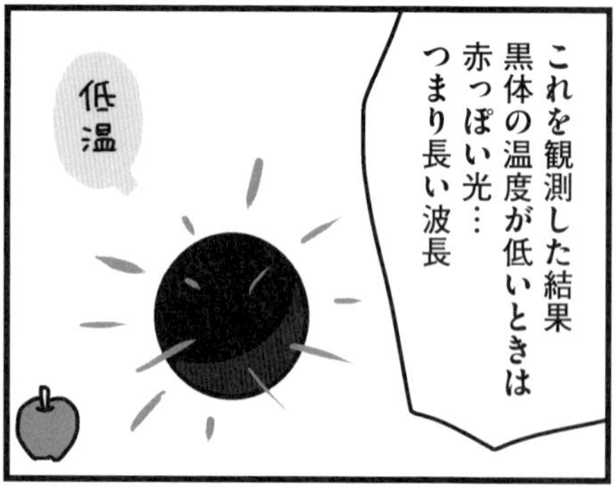

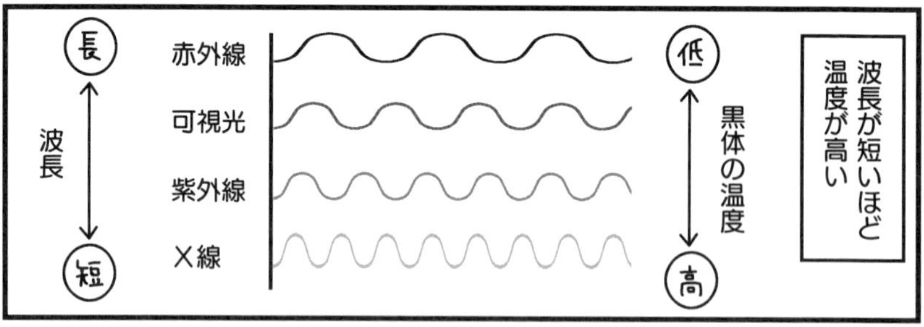

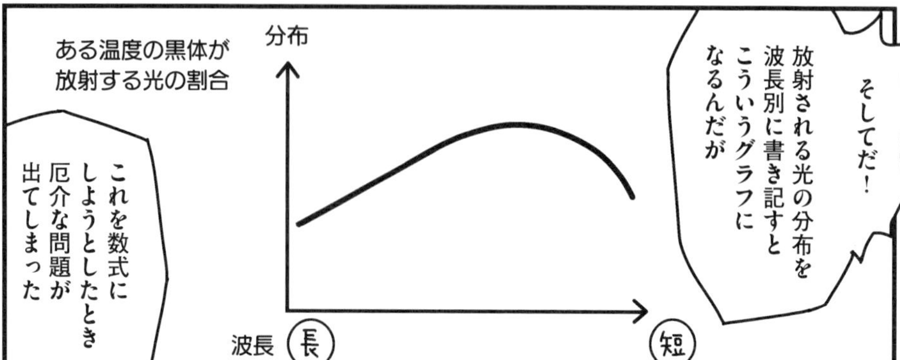

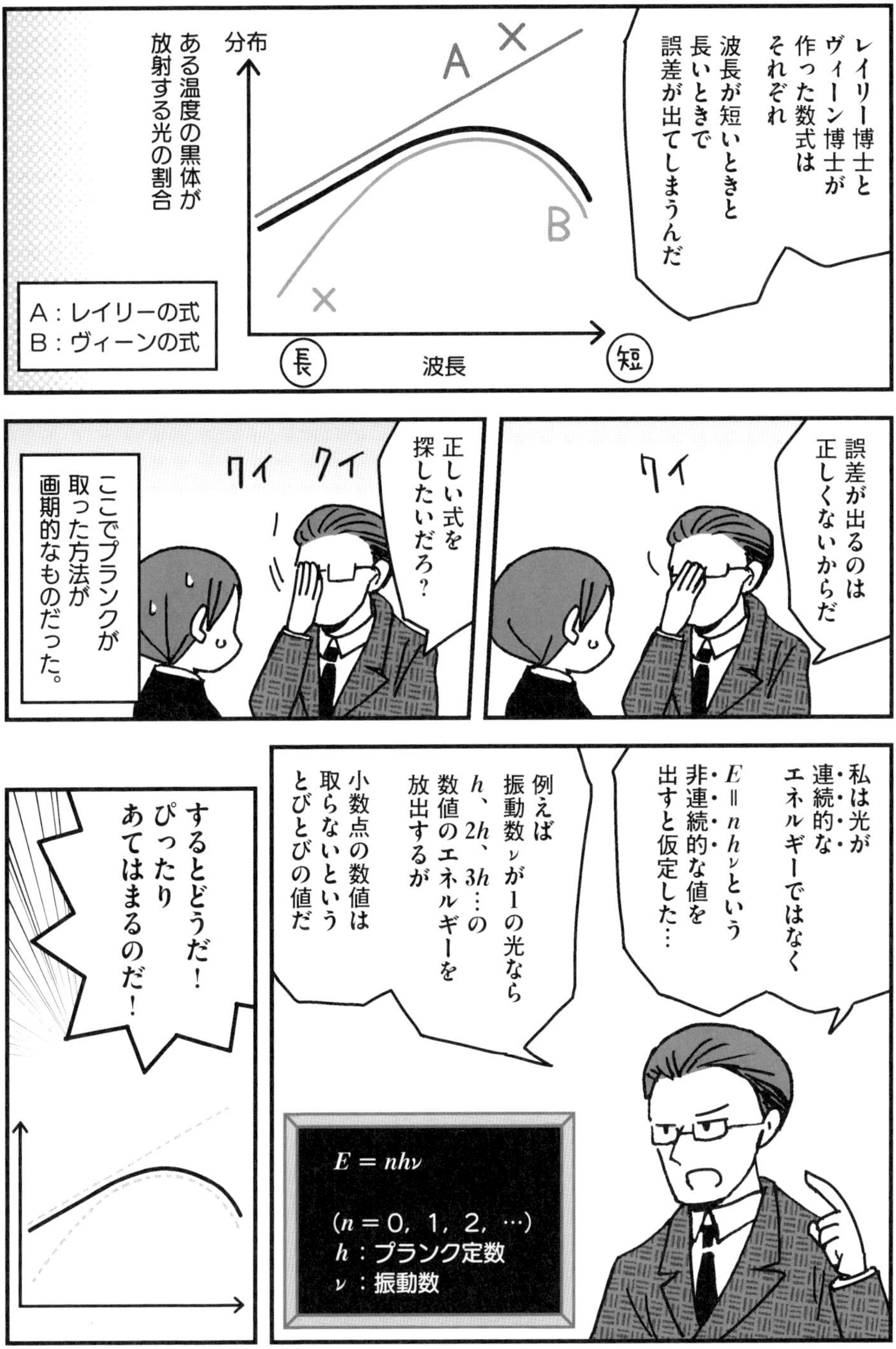
レイリー博士とヴィーン博士が作った数式はそれぞれ波長が短いときと長いときで誤差が出てしまうんだ
ある温度の黒体が放射する光の割合
分布
A
B
波長
長
短
A：レイリーの式
B：ヴィーンの式
誤差が出るのは正しくないからだ
クイ
正しい式を探したいだろ?
クイ クイ
ここでプランクが取った方法が画期的なものだった。
私は光が連続的なエネルギーではなく $E=nh\nu$ という非連続的な値を出すと仮定した…
例えば振動数 ν が1の光なら h、$2h$、$3h$…の数値のエネルギーを放出するが小数点の数値は取らないというとびとびの値だ
$E = nh\nu$
(n = 0, 1, 2, …)
h ：プランク定数
ν ：振動数
するとどうだ! ぴったりあてはまるのだ!

でもこんな不連続な答えがありうるの？
…
この仮説は全くのウソかもしれない
自信ないんですね
カッチリッ
だが現実に合った数式なのは間違いなく、
振動子（光）の持つエネルギーは振動子（光）の振動数νの整数倍に比例する。
光の波
という量子仮説が生まれ広まったのだ。
光が出すエネルギーはとびとびの値を取りそれに満たないエネルギーは出さない。
これは、ニュートン力学ではありえないことだ。
0か1か…まるでデジタルの世界だね
プランクさんはどうしてこうなると思う？
さぁ…
また「さぁ」が出ちゃったよ!!
そこに、答えを引っさげて登場したのがニールス・ボーアだった！

プランクと並んで
量子力学の祖と呼ばれる
ニールス・ボーア
（1885年〜1962年）
ボーアも
アインシュタイン同様
国語が苦手でした
成績が良く
一見頭がいいのは
ボーアの弟で、
ボーアは
のろまに見えた。
そんなある日
おいおい
ニールス坊や
自転車を分解して
しまったのか
……
直せるか？
……
無理なんだな！
仕方ないな
修理工に
連絡するぞ
待て!!

邪魔をするな！
ニールスは自分が何をしてるかわかってるんだ！
ボーアの父は息子ではなく親戚を叱った。
おかげでボーアは心ゆくまで部品を調べ
元に戻せた。
よくやった
こんなこともあった。
まだ作文できないの？
ん
ニールスは真面目だけどちょっと不器用なのかもね
勉強の仕方を教えたほうがいいかしら
いや！
あいつは本物だ
あのままでいい

すぐに物理の才能を見せたボーアだが、作文が苦手だったので論文には苦労した。
よく考えるのはいいことだが…論文には〆切があるんだぞ！
んん…
ナンカチガウ…って顔しない！
急いで！
間に合ってよかったな
フーッ
……どうした？
訂正したいとこ見つけたから追記を出してくる
そういうとこだぞ！
この卒論のテーマは金属電子だったがデンマークには電子の研究が少なく、
ボーアが発表したとき多くの人が勉強しに押しかけたという。
へーなるほど
面白いなぁ
さすがボーア（期待）
マジか…

原子と電子の構造を研究したいんだが…デンマークでは難しそうだ
原子の分野で第一人者といえばイギリスの
J・J トムソン博士か
ラザフォード博士…
まずはトムソンを訪れたボーアだが、
博士の本を読みました
ちょっと気になる点があるのですが…
ああ…机に置いといてくれ
ごっちゃー
……
忙しいトムソンを物足りなく感じ、ラザフォードの元に向かった。

さて ここで出会った ラザフォード。
実は ニュージーランド出身
これが めちゃくちゃ 当たりだったのだ。
「原子物理学の父」と 称えられる ラザフォードは 本人もすごかったが 何より特筆すべきは
よぉ… ボーイズ
ボーイズ!?
弟子溺愛《ボーイズラブ》 ぶりである。
今どこ研究 してるんだ？
大丈夫か？ 迷走して ないか
オススメの 論文あるぞ！
ラザフォード 先生…
先生の考えた 原子模型が面白いので その… ぼくも原子について 考えてるんです
だって トムソン博士の 提唱した モデルでは… α粒子の散乱が 説明できないし
質量の大きな プラスの原子核が 中心にあるのは 間違いないと 思うんですが…
そうすると電子が 真ん中に落ちない 理由がナゾで…

※誰が弟子か数え方によるが、6人〜12人のノーベル賞受賞者を出した。

それはともかく
原子はどんな形をしてるのだろう
えっ
確実なことはマイナスの電子は原子全体に比べて小さいサイズで
±0
ちっちゃい！
基本的に原子全体の電荷は±ゼロってこと
J・J・トムソンは
＋に帯電したパンの中に小さな－電子がレーズンのように入っている
トムソンモデルを提唱したが
これは間違っていた。
ブー
正電荷もトムソンモデルより小さく濃縮されているはずだ
ズッシリ
こうしてみると原子模型は太陽系に似ているかもしれないな…！
太陽系

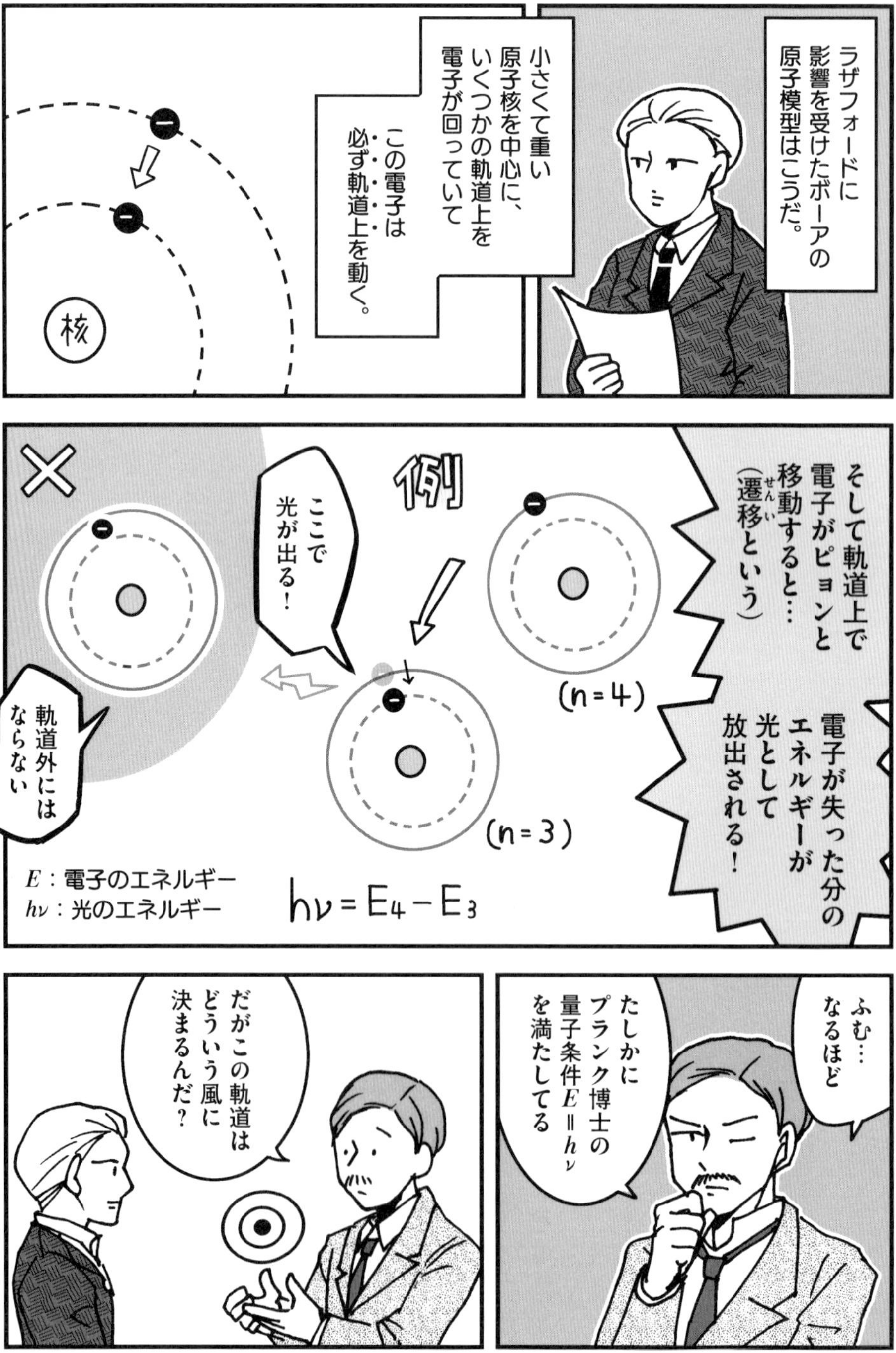
ラザフォードに影響を受けたボーアの原子模型はこうだ。
小さくて重い原子核を中心に、いくつかの軌道上を電子が回っていて
この電子は必ず軌道上を動く。
核
そして軌道上で電子がピョンと移動すると…（遷移《せんい》という）
電子が失った分のエネルギーが光として放出される！
例
ここで光が出る！
軌道外にはならない
(n=4)
(n=3)
E：電子のエネルギー
$h\nu$：光のエネルギー
$h\nu = E_4 - E_3$
ふむ…なるほど
たしかにプランク博士の量子条件$E=h\nu$を満たしてる
だがこの軌道はどういう風に決まるんだ？

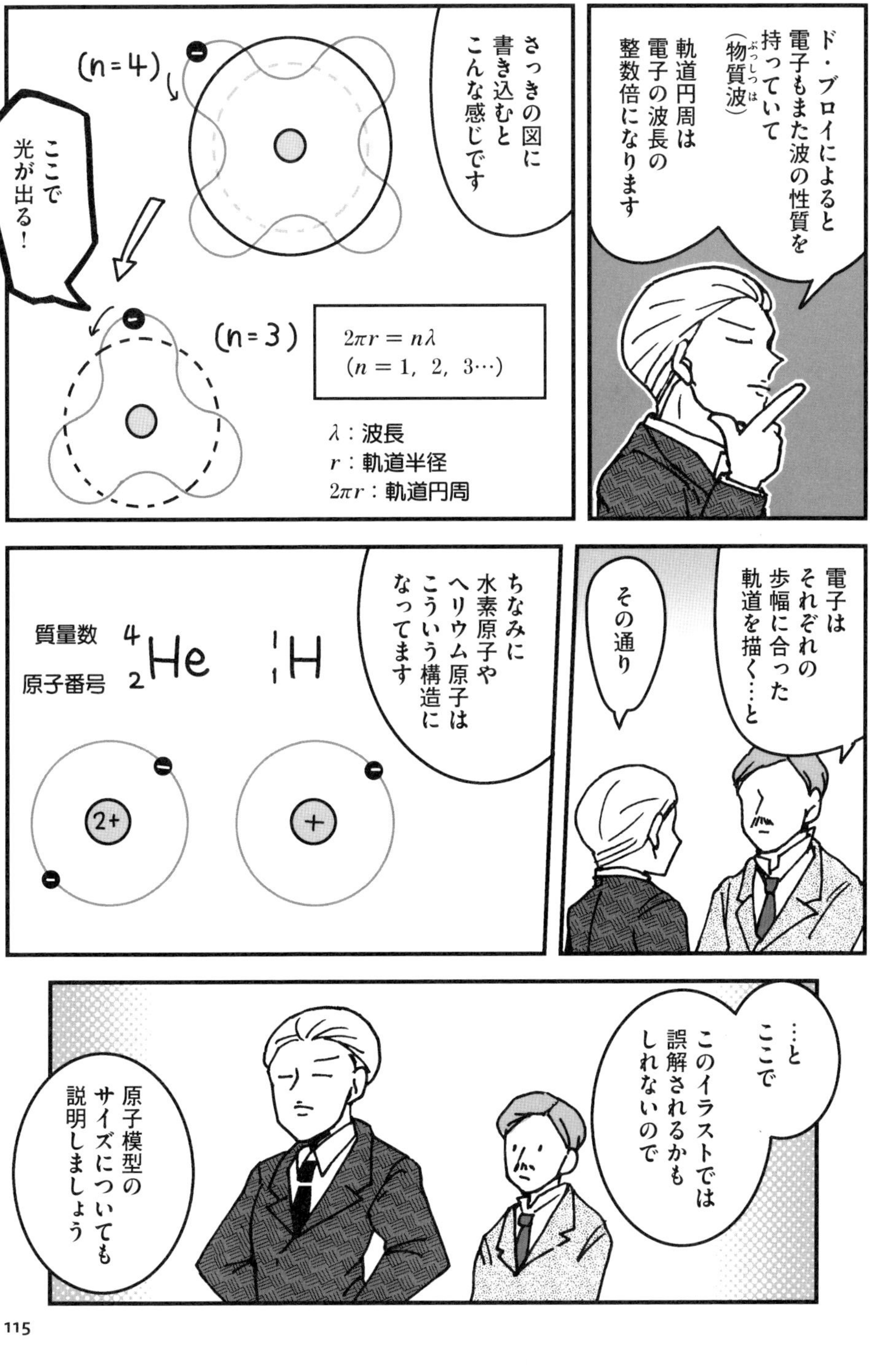
ド・ブロイによると電子もまた波の性質を持っていて（物質波《ぶっしつは》）軌道円周は電子の波長の整数倍になります
さっきの図に書き込むとこんな感じです
(n=4)
ここで光が出る！
(n=3)
$2\pi r = n\lambda$
$(n = 1,\ 2,\ 3\cdots)$
λ：波長
r：軌道半径
$2\pi r$：軌道円周
電子はそれぞれの歩幅に合った軌道を描く…と
その通り
ちなみに水素原子やヘリウム原子はこういう構造になってます
質量数
原子番号
$^{4}_{2}He$
$^{1}_{1}H$
2+
+
…とここで
このイラストでは誤解されるかもしれないので
原子模型のサイズについても説明しましょう

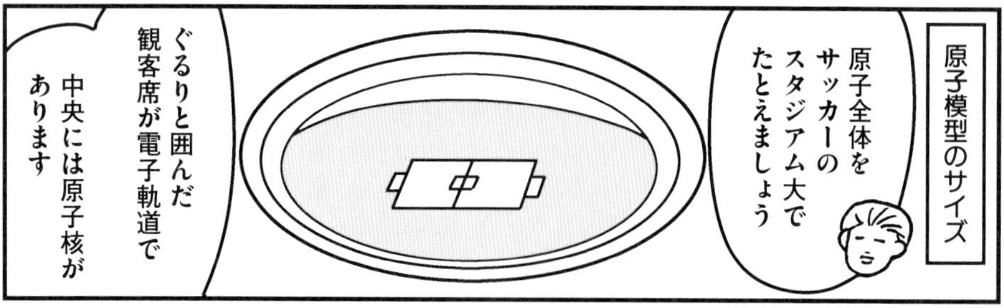

※原子核中の大部分を占める陽子と中性子は、いずれも質量 1.67×10^{-27}[kg]、大きさは半径 1.2×10^{-15}[m]。

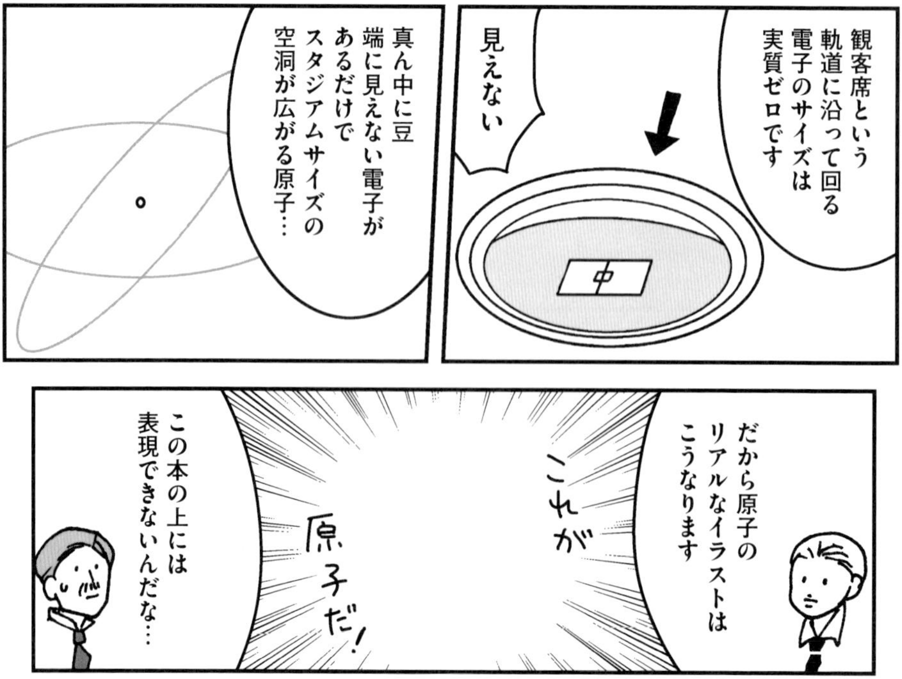

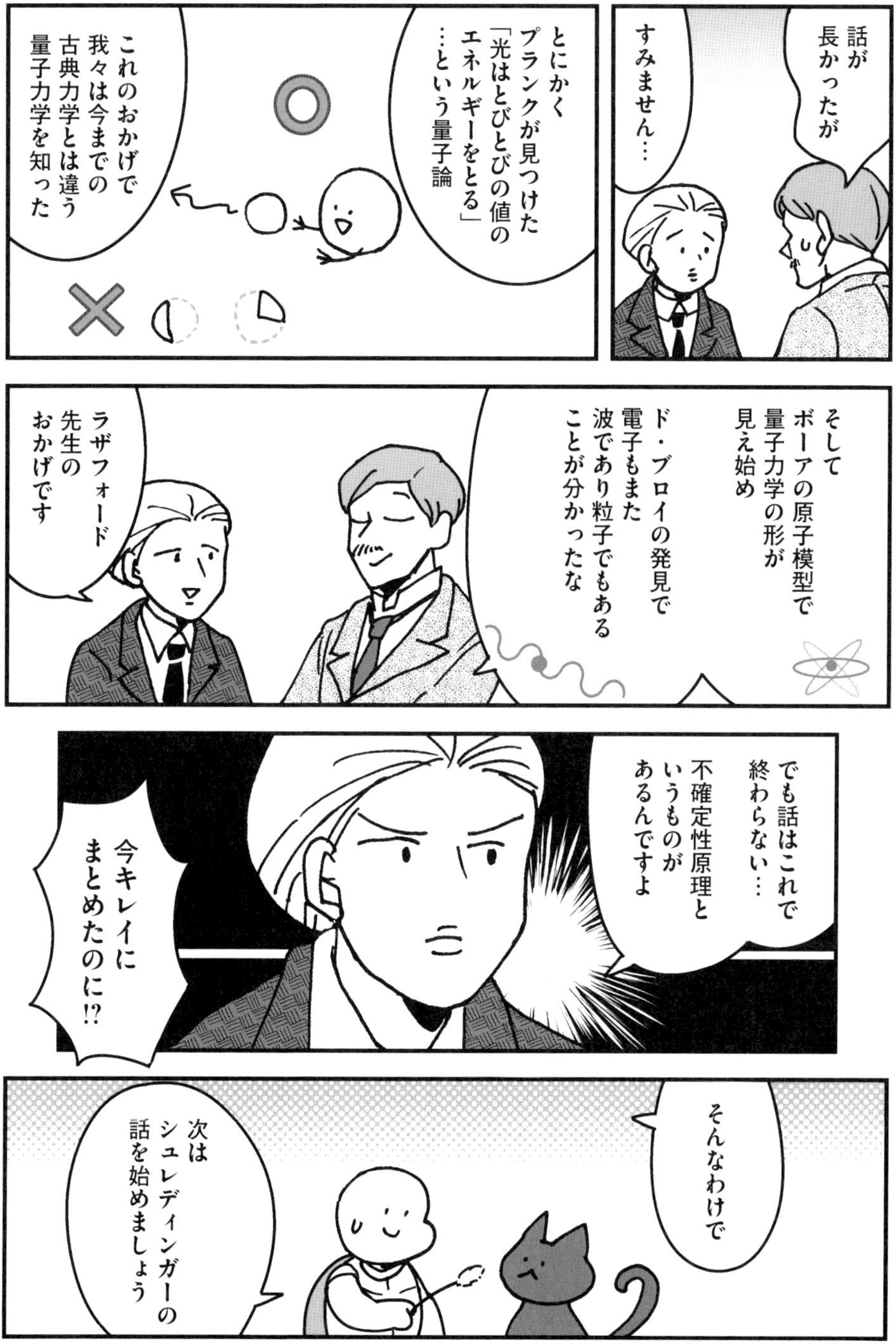
話が長かったが
すみません…
とにかくプランクが見つけた「光はとびとびの値のエネルギーをとる」…という量子論
これのおかげで我々は今までの古典力学とは違う量子力学を知った
そしてボーアの原子模型で量子力学の形が見え始め
ド・ブロイの発見で電子もまた波であり粒子でもあることが分かったな
ラザフォード先生のおかげです
でも話はこれで終わらない…
不確定性原理というものがあるんですよ
今キレイにまとめたのに!?
そんなわけで
次はシュレディンガーの話を始めましょう

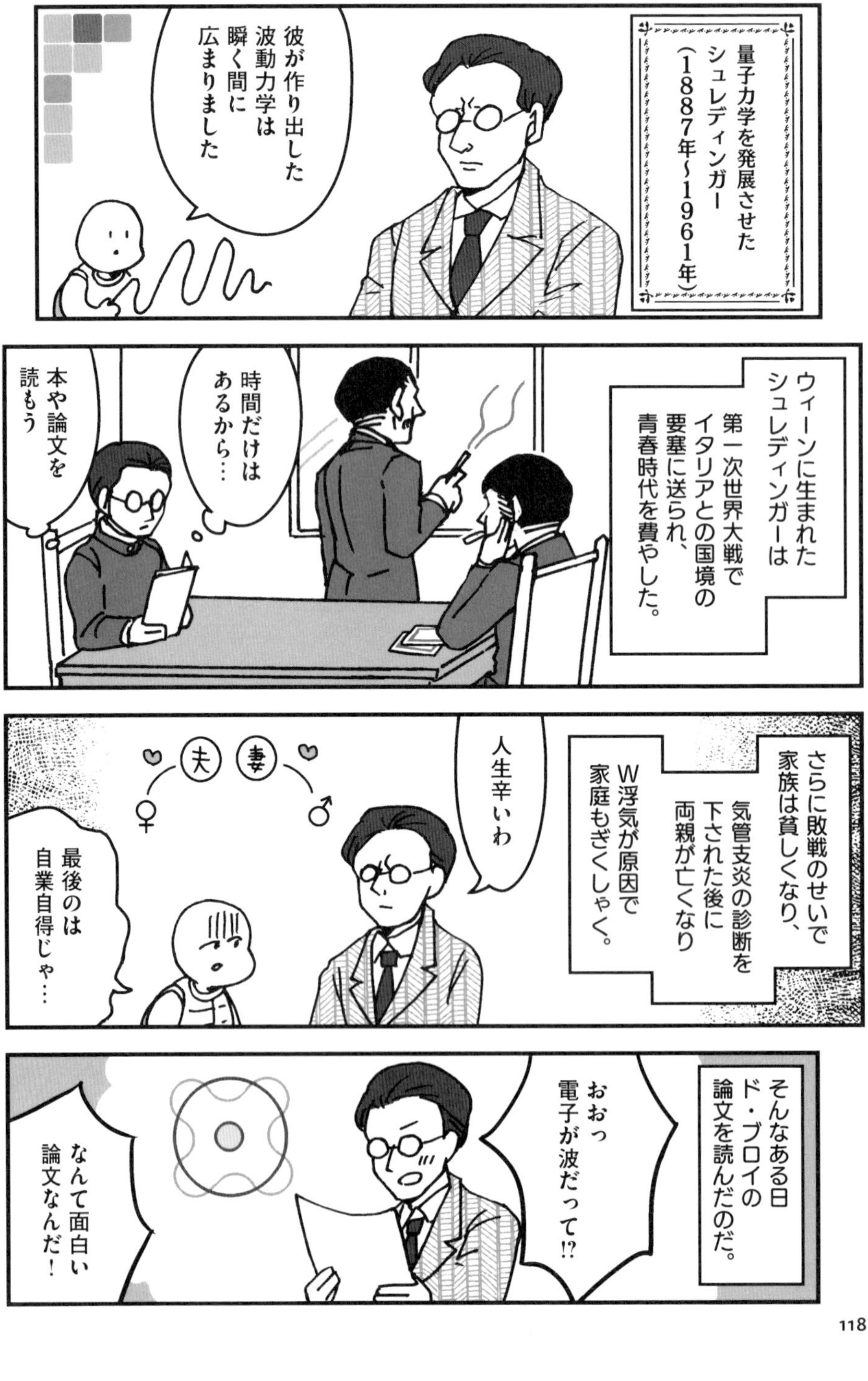
量子力学を発展させたシュレディンガー（1887年〜1961年）
彼が作り出した波動力学は瞬く間に広まりました
ウィーンに生まれたシュレディンガーは
第一次世界大戦でイタリアとの国境の要塞に送られ、青春時代を費やした。
時間だけはあるから…
本や論文を読もう
さらに敗戦のせいで家族は貧しくなり、
気管支炎の診断を下された後に両親が亡くなり
W浮気が原因で家庭もぎくしゃく。
人生辛いわ
夫
妻
♀
♂
最後のは自業自得じゃ…
そんなある日ド・ブロイの論文を読んだのだ。
おおっ電子が波だって!?
なんて面白い論文なんだ！

しかしド・ブロイの「物質波」はアイディアだけでそれを記述する方程式がなかったため、評価されにくかった。
きっと正しいと思うんだがなぁ…
よし！俺がぴったりの方程式を作ってやる！
こうしてできたのがシュレディンガー方程式。
$\frac{\hbar}{2m}\frac{\partial^2\phi}{\partial x^2}-V\phi=-i\hbar\frac{\partial\phi}{\partial t}$
m：質量
$\hbar$：プランク定数 $h/2\pi$
V：ポテンシャルエネルギー
ϕ：波動関数
x軸
z軸
y軸
これは水素原子のエネルギー準位《じゅんい》を再現しており（＝実験と合い）
従来の数学的手法で解くことができた。
わかりやすい！
こんなにいい式で表せるなら物質波はきっと正しいぞ！
プランクとアインシュタインもシュレディンガーを高く評価した。
なぞなぞの答えを知った子どものような気分だ！
天才的な仕事ですよ！

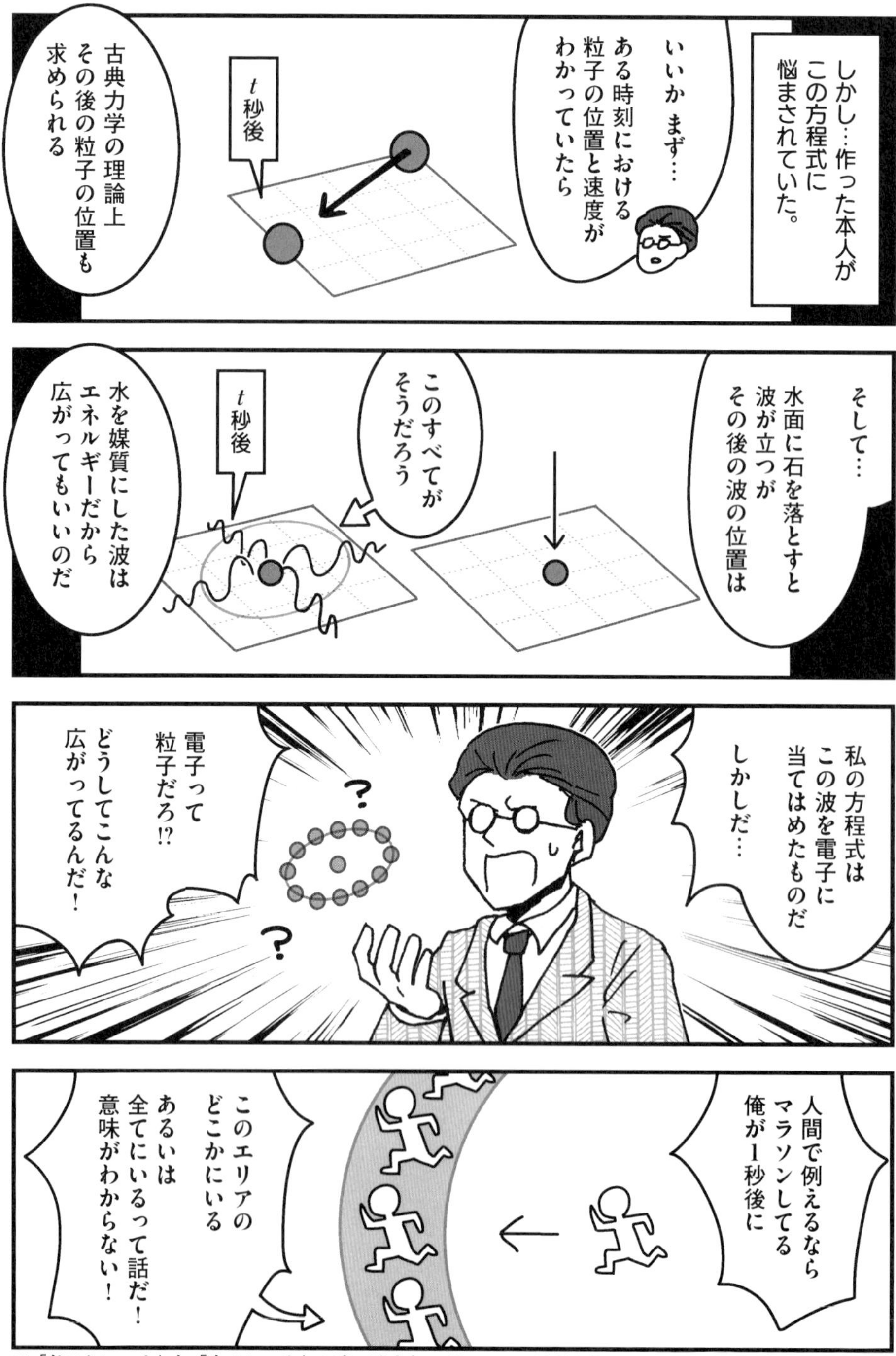

※「どこかにいる」と「全てにいる」の違いは大きいが、ここでは触れない。

しかも電子は「観測すると」一か所にいるのだ。
波ではなく粒子のように。
ピタッ
「だるまさんが転んだ」じゃあるまいし…！
これは必ずこの辺にいるという確率的な分布なのでは？
マックス・ボルン
は？確率!?
というのも波動関数の絶対値の２乗が
粒子が観測される確率に比例してるんですよ
物質の挙動が確率で決まるなんてありえない
ブーブー
神はサイコロを振らないよ
だがボルンの確率解釈は、ハイゼンベルクの「不確定性原理」からも補強された。
運動量と位置に関する確率
$\Delta x \Delta p \geqq \frac{h}{4\pi}$
x：位置
p：運動量
h：プランク定数
粒子の挙動は確率的にしか分からない…
観測すると決定しますがね
イヤイヤそんなのおかしいぞ！
例え話をしよう！

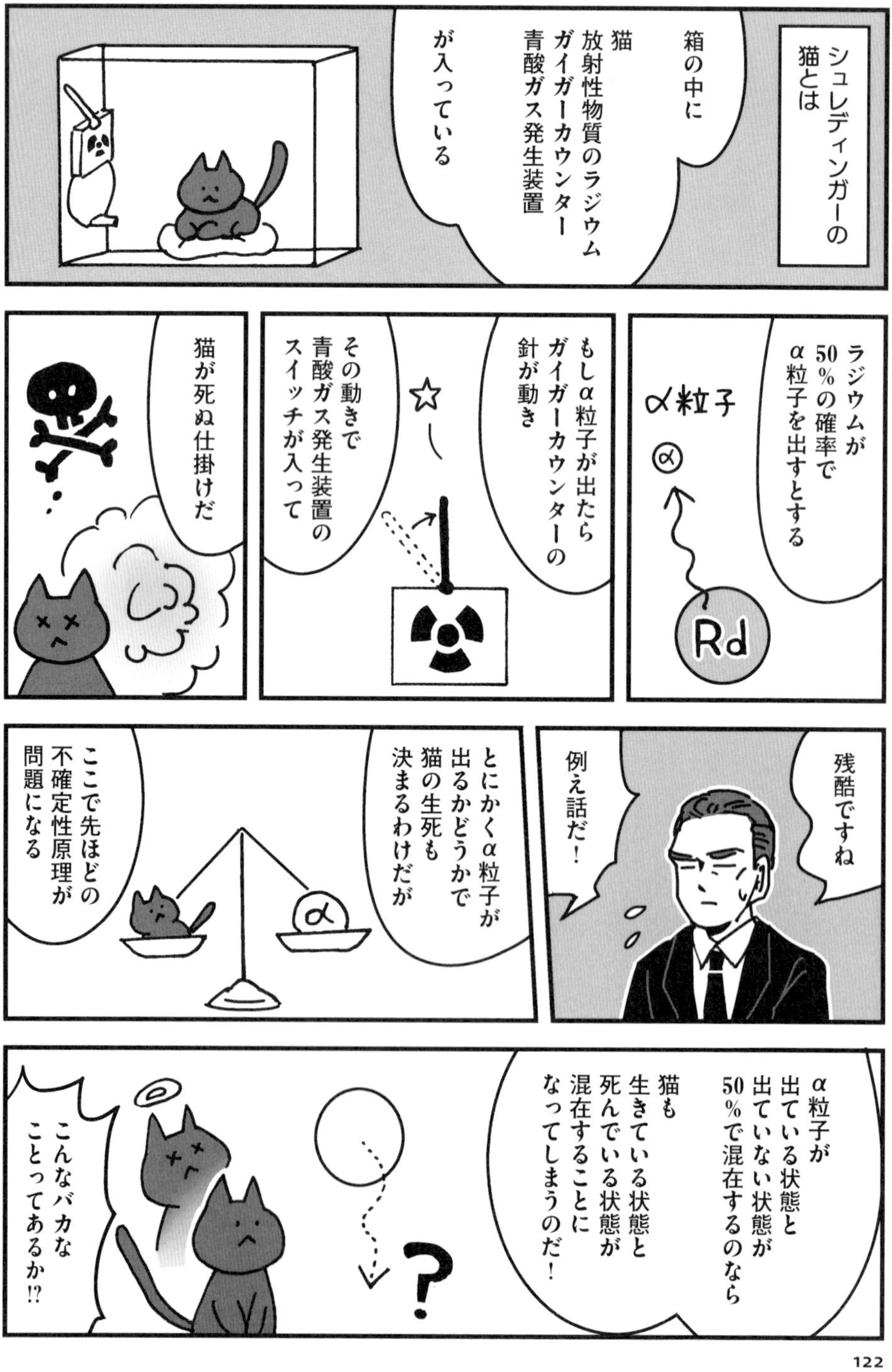
シュレディンガーの猫とは
箱の中に 猫 放射性物質のラジウム ガイガーカウンター 青酸ガス発生装置 が入っている
ラジウムが50%の確率でα粒子を出すとする
α粒子
α
Rd
もしα粒子が出たらガイガーカウンターの針が動き
その動きで青酸ガス発生装置のスイッチが入って
猫が死ぬ仕掛けだ
残酷ですね
例え話だ!
とにかくα粒子が出るかどうかで猫の生死も決まるわけだが
α
ここで先ほどの不確定性原理が問題になる
α粒子が出ている状態と出ていない状態が50%で混在するのなら 猫も生きている状態と死んでいる状態が混在することになってしまうのだ!
こんなバカなことってあるか!?

たしかに
観測するまで
α粒子のことは
分からない…
α粒子が出るのは
1秒後か1年後かも
分かりません
しかし猫が
身をもって
観測してるでしょう
死ねば出てる
生きてりゃ
出てないってね
いやそれ以前に
ガイガーカウンターが
観測してるわけで
あー
ななんで
こんな話を真剣に
続けるんだ…
ナンセンスな例え
として提示された
シュレディンガーの猫は
重なり合った世界が
共存するという
多世界解釈をはじめ
様々な議論を呼んだ。
重なり合った
状態について
補足しますと
私たちは
その状態の
どちらに「なる」かは
わからず
どちらに「なった」か
しかわかりません
それはあたかも
二次元の視点では
車に当たるかどうか、
通り過ぎるまで
わからない。
三次元の視点を
持たない者には
絶対にわからない…
そんな話に似ている。

原理を説明できなかったもののシュレディンガーの方程式はとても便利でノーベル物理学賞を受賞しています
もちろん！
それにしても量子力学は面白い…
電子が決まった軌道を取るなんて…デジタルの世界ですよね
マスに沿って動くゲームみたい
でもそれも常識になるのでしょう
今天体が地球の周りを回ってると言ったら笑われるようにね
あのさ…天体が回ってる解釈も面白いかもしれないよ
え!?
「地球からはそう見える」ってのは面白い視点だと思うんだ
アインシュタインさん!?
もう少し不思議な話が続くようです
次は相対性理論について話します

こぼれ話 2

コペンハーゲン大学で「気圧計を使って塔の高さを求めよ」という試験が出た。
ボーアの答えは
気圧計に紐をつけて塔から降ろし地面に落ちたとき長さを測ります
試験官は落第にしたがボーアは抗議し、再試となった。
立会人
時間内にちゃんとした解答をしたまえ
…… ……
…えと
……
…その
ボーアくんもう時間になるぞ！
6つ思いついたもので…どうしようかと…
なっ…

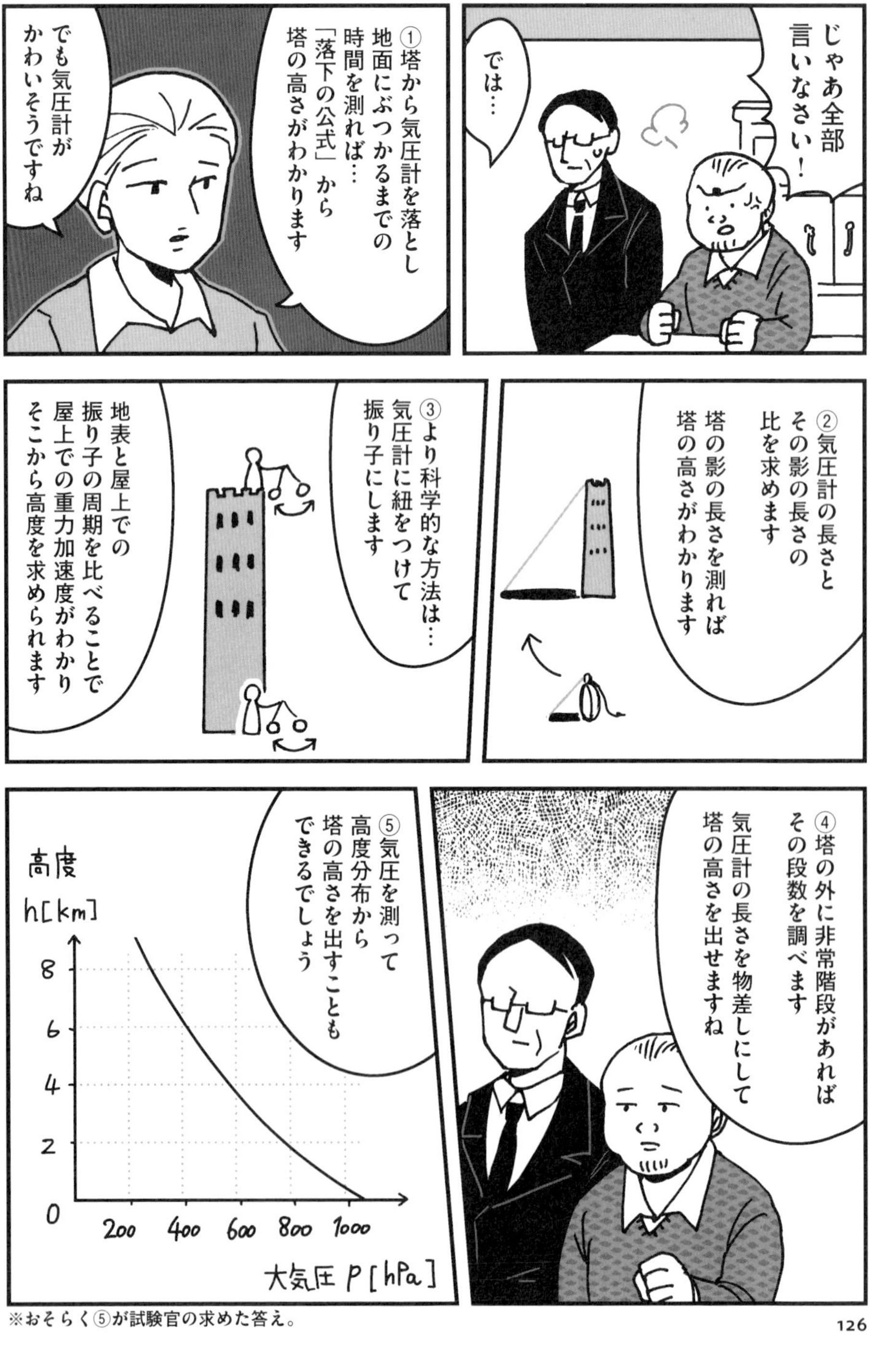
じゃあ全部言いなさい！
では…
①塔から気圧計を落とし地面にぶつかるまでの時間を測れば…「落下の公式」から塔の高さがわかります
でも気圧計がかわいそうですね
②気圧計の長さとその影の長さの比を求めます 塔の影の長さを測れば塔の高さがわかります
③より科学的な方法は…気圧計に紐をつけて振り子にします
地表と屋上での振り子の周期を比べることで屋上での重力加速度がわかりそこから高度を求められます
④塔の外に非常階段があればその段数を調べます 気圧計の長さを物差しにして塔の高さを出せますね
⑤気圧を測って高度分布から塔の高さを出すこともできるでしょう
高度
h[km]
8
6
4
2
0
200
400
600
800
1000
大気圧 P[hPa]

※おそらく⑤が試験官の求めた答え。

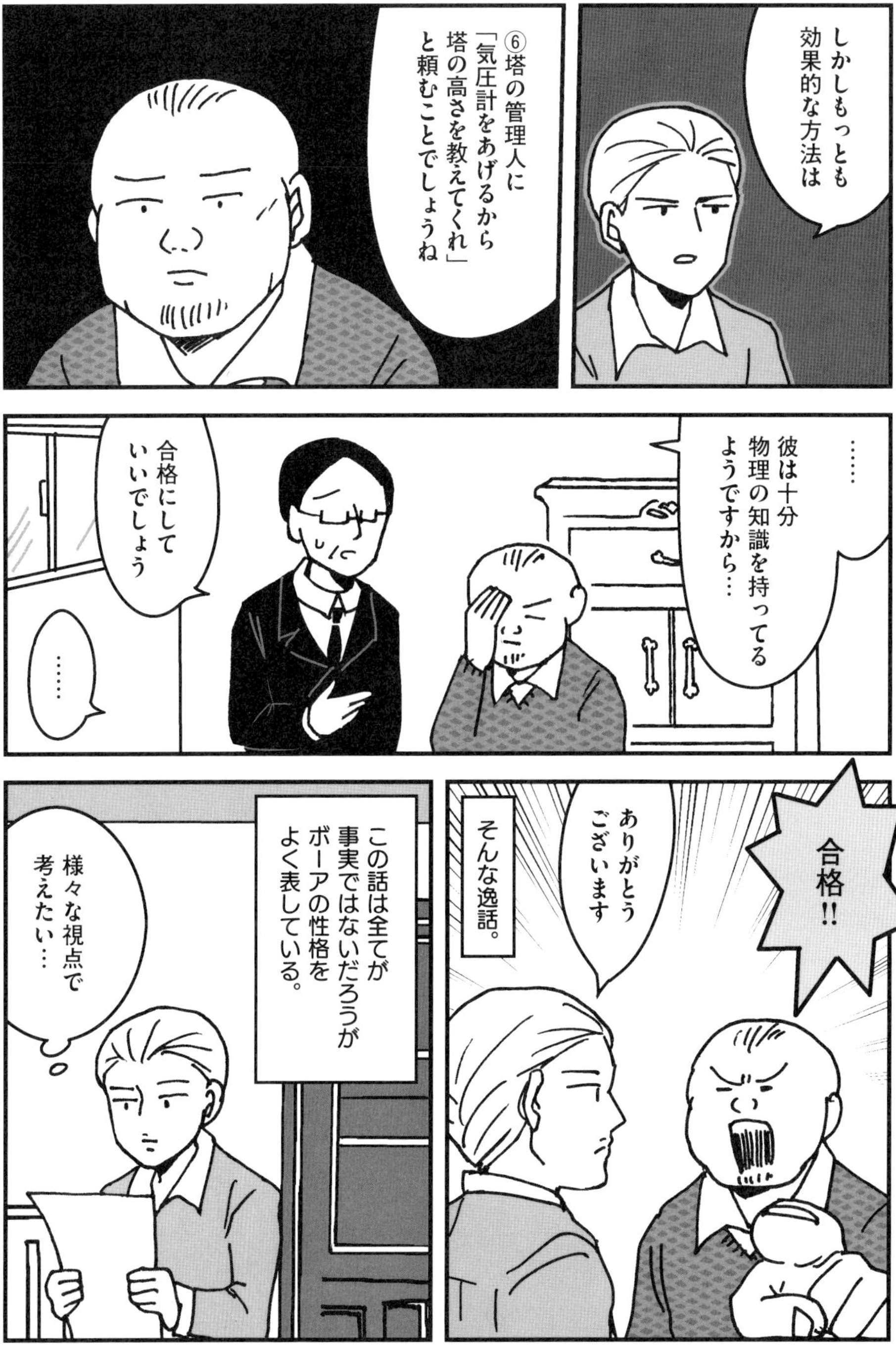
しかしもっとも効果的な方法は
⑥塔の管理人に「気圧計をあげるから塔の高さを教えてくれ」と頼むことでしょうね
……彼は十分物理の知識を持ってるようですから…
合格にしていいでしょう
……
合格!!
ありがとうございます
そんな逸話。
この話は全てが事実ではないだろうがボーアの性格をよく表している。
様々な視点で考えたい…

こぼれ話 3

ヴォルフガング・パウリをご存じだろうか。
恐ろしく頭の切れる科学者で、
アインシュタインの講義を聞いた感想が
アインシュタイン氏の言ってることはそれほど馬鹿げていない
であった。
彼は論理の穴を見つける天才であり、量子力学の大家ニールス・ボーアは彼との議論にハマっていた。
私の説を殴ってくれないか
君の反論にはたくさんのヒントがある
頼むよ
新しい量子論がポンポン生まれる中、人はパウリを物理学の良心と呼んだ。
パウリに認められたら論理の穴はないってこと
そんなパウリはパウリ効果という超能力を持っていた！

実験室にパウリが現れると
真空系に空気が漏れ入り、ガラス器具が割れた。
パリン
シューッ
パウリの乗った列車がゲッティンゲンに着くと
ゲッティンゲンの実験室で爆発騒ぎが起こった。
BOMB
お前は機器を壊す天才だよ
いや…まぁぼくの不器用さは認める…
こんなこともあった。
パウリ効果おもしれーなもっと増やしてやろうぜ
どういうこと？
シャンデリアに仕掛けして彼が部屋に入ったら落としてやるのさ

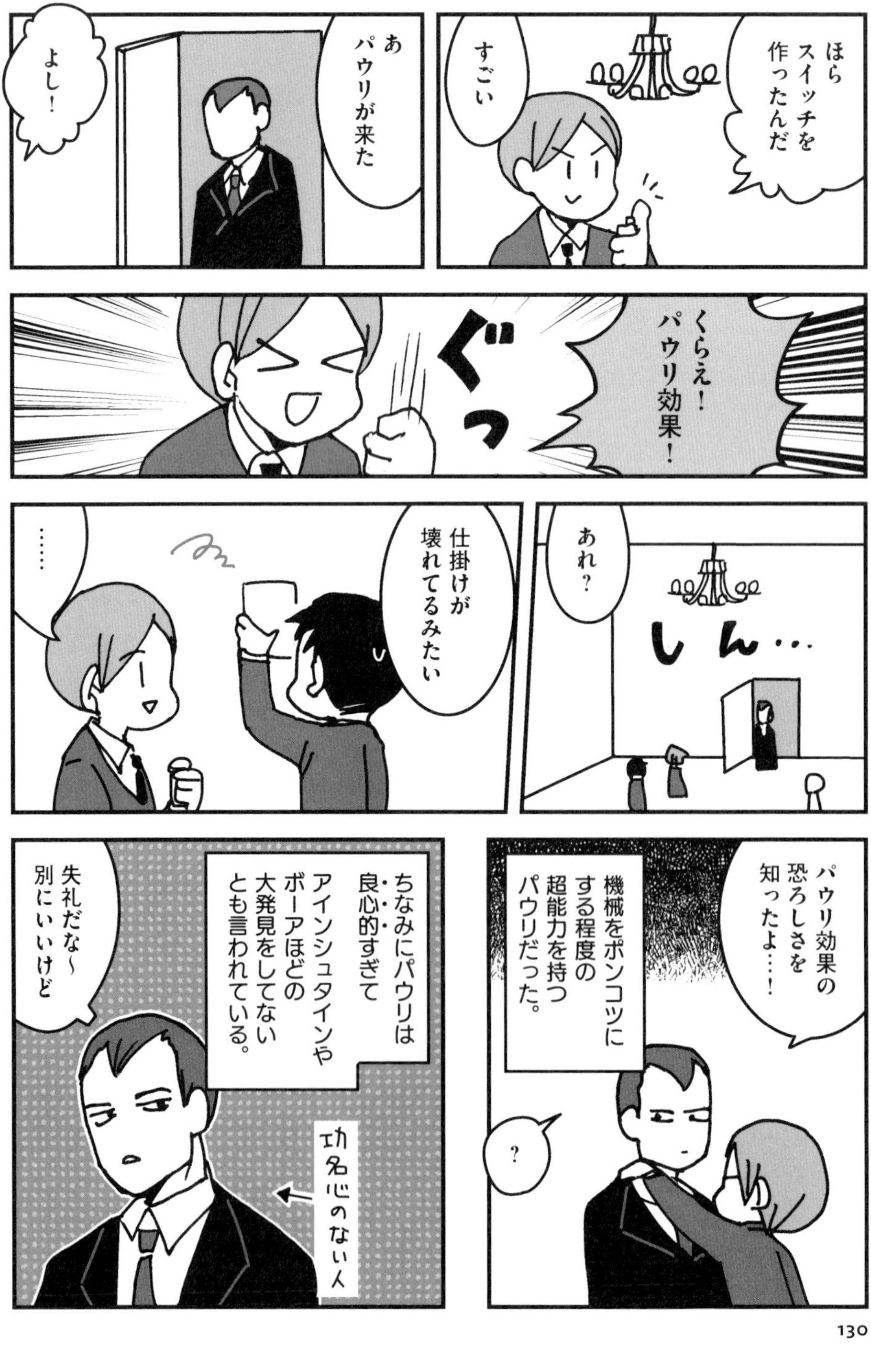
ほら
スイッチを
作ったんだ
すごい
あ
パウリが来た
よし!
くらえ!
パウリ効果!
ぐっ
あれ?
しん…
仕掛けが
壊れてるみたい
……
パウリ効果の
恐ろしさを
知ったよ…!
機械をポンコツにする程度の超能力を持つパウリだった。
?
ちなみにパウリは良心的すぎてアインシュタインやボーアほどの大発見をしてないとも言われている。
失礼だな～
別にいいけど
功名心のない人

こぼれ話 4

アインシュタインとボーアの友人アブラハム・パイスの話。
私の話を聞いてくれ人に話すと整理できるんだ
いいよボーア…
アインシュタインの量子論について考えてみよう
彼は聡明だし目覚ましい成果を挙げているが
こと量子論については「不確定性原理」を否定してるんだよね！
「ミクロな粒子のふるまいは我々が知らないだけで解がある」
というのが彼の主張だ…
Yes
Yes
①ミクロな粒子のふるまいは波の性質をもつ
Yes
No
②ミクロな粒子のふるまいは確率的にしか分からない
アインシュタインがいうにはばねを用いて系の質量を測って…
こそっ
アインシュタインは…
アインシュタイン!? 何しに来たの
シー

ん？タバコ？
シー
ああ…彼は医者からタバコを買ってはいけないと言われてたな
買えないなら拝借しようってことか…やれやれ
つまり
アインシュタインはだ！
えっ
ハイ
一本ぐらいくれたっていいだろ
ケチケチするなよ～
き…
君ってやつは！
こちとら大真面目なんだぞ！
バンバン
えー!?なんのこと？
ぷっ…
三人は生涯を通じて仲が良かった。
ちなみに量子論についてはボーアに軍配が上がった。

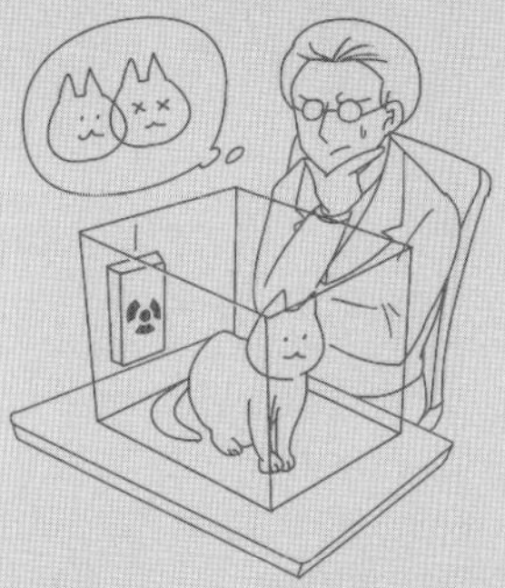

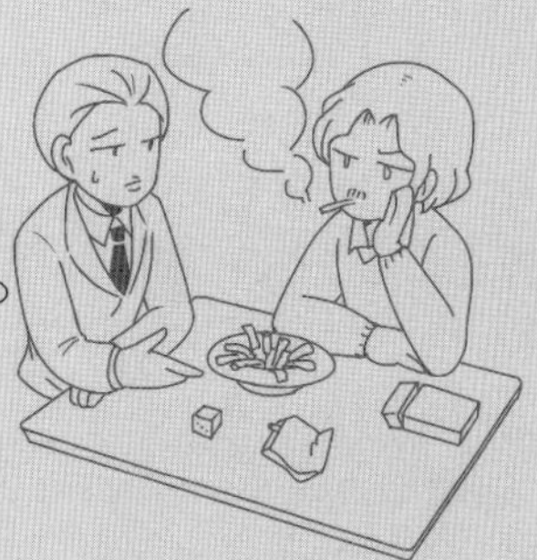

第6章

相対性理論

——光の速さで飛んだらどうなる？

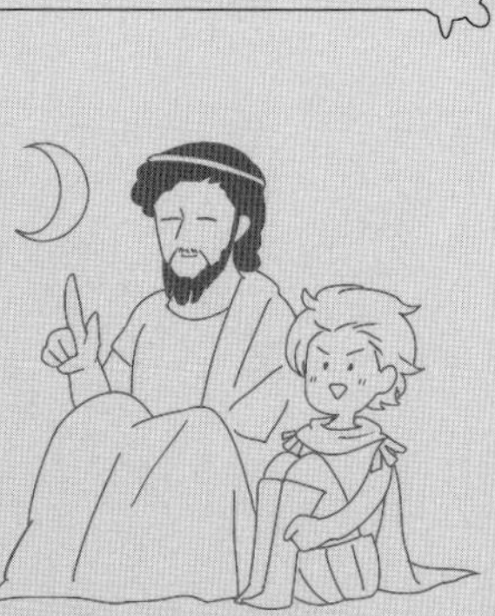

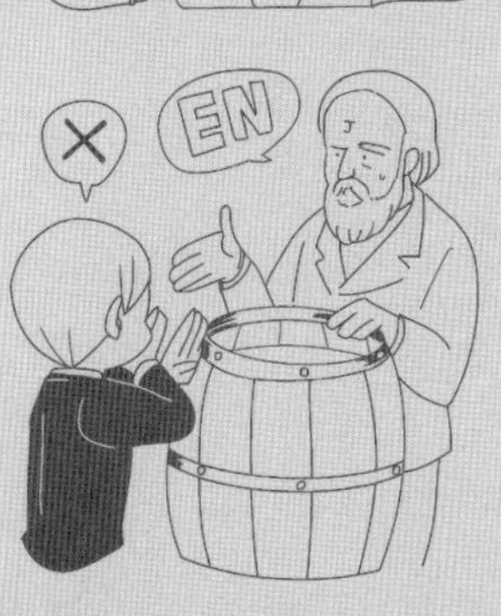

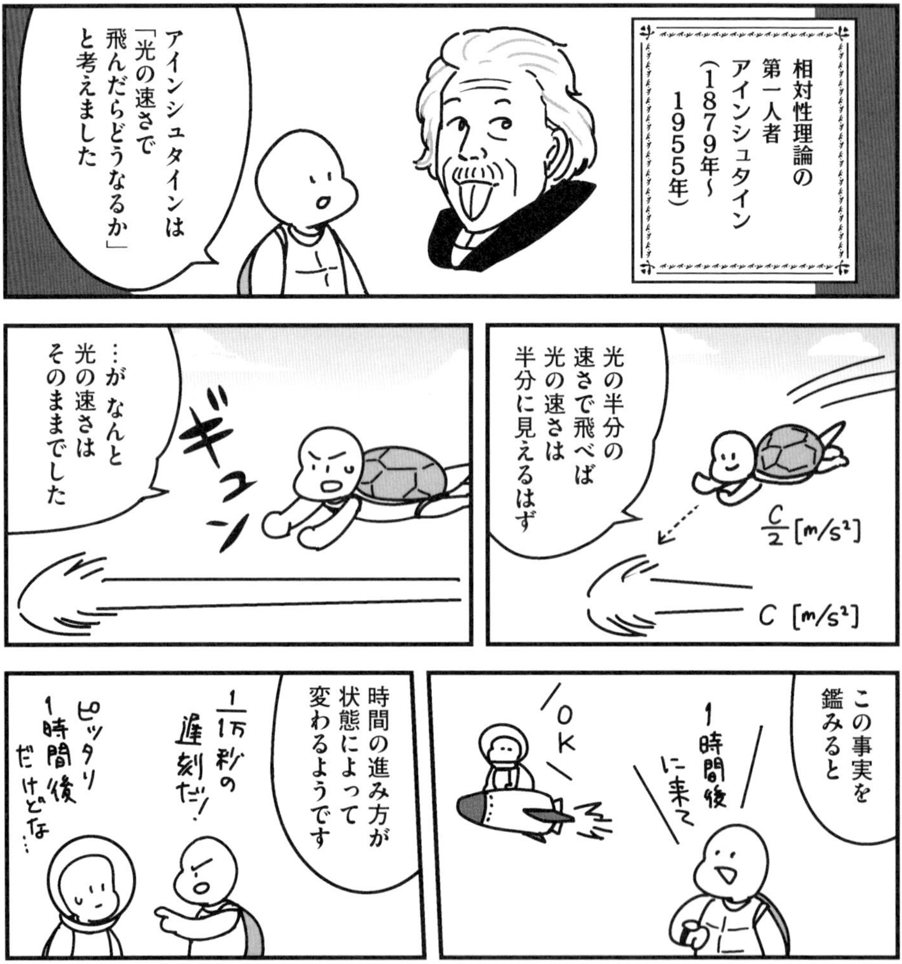

※今の宇宙船ではこの程度のズレ。

謎に満ちたプランクの量子仮説…
これに対していち早く反応を示したのが
特許庁に務める一サラリーマンだった。
すごぉい…
なに読んでるの？
ぬん
黒体放射の波長とエネルギーに関する論文…
そんなの読んでるの⁉
すごいぞこれは
まるで大地がなくなったような気分だ…
計算し出した
ああ…彼有名なんだよ
研究者になれなくてサラリーマンになったんだって
ずっと論文は書いてるらしいよ
へ～
この男こそかの有名な科学者アインシュタインだった‼

ドイツの街
ウルムで生まれた
アインシュタイン。
幼いころから
天才だったわけ
ではなかった。
学校で
何してるの？
何が好き？
り
理科
そっか
そんな
アインシュタインは
方位磁石を見たとき
感動に震えたという。
わぁ
針が
ずっと
同じ方
向いてる！
のろまなのではなく、
じっくり物事を
考えていたのだ。

アインシュタインは幾何学を習うとすぐに才能を見せた。
ん！
次の学年の教科書じゃない
光って面白いな…ほかの物質と全然違うよね
もし…光と同じ速さで動いたらそこから光を見たら
一体どんな風に見えるんだろう
光と並行して動いてたらその光は見えないよね
そうねぇ
音速だと衝撃波が発生するわけだけど…
光速だと…難しいなあ
ムム。。。
中等学校ではそんなこと教えてくれない
学校のつめこみ教育…ほんとゴミだね！
ちょっ…アルバート！
バアァ
アインシュタインはギムナジウムを途中で退学した。

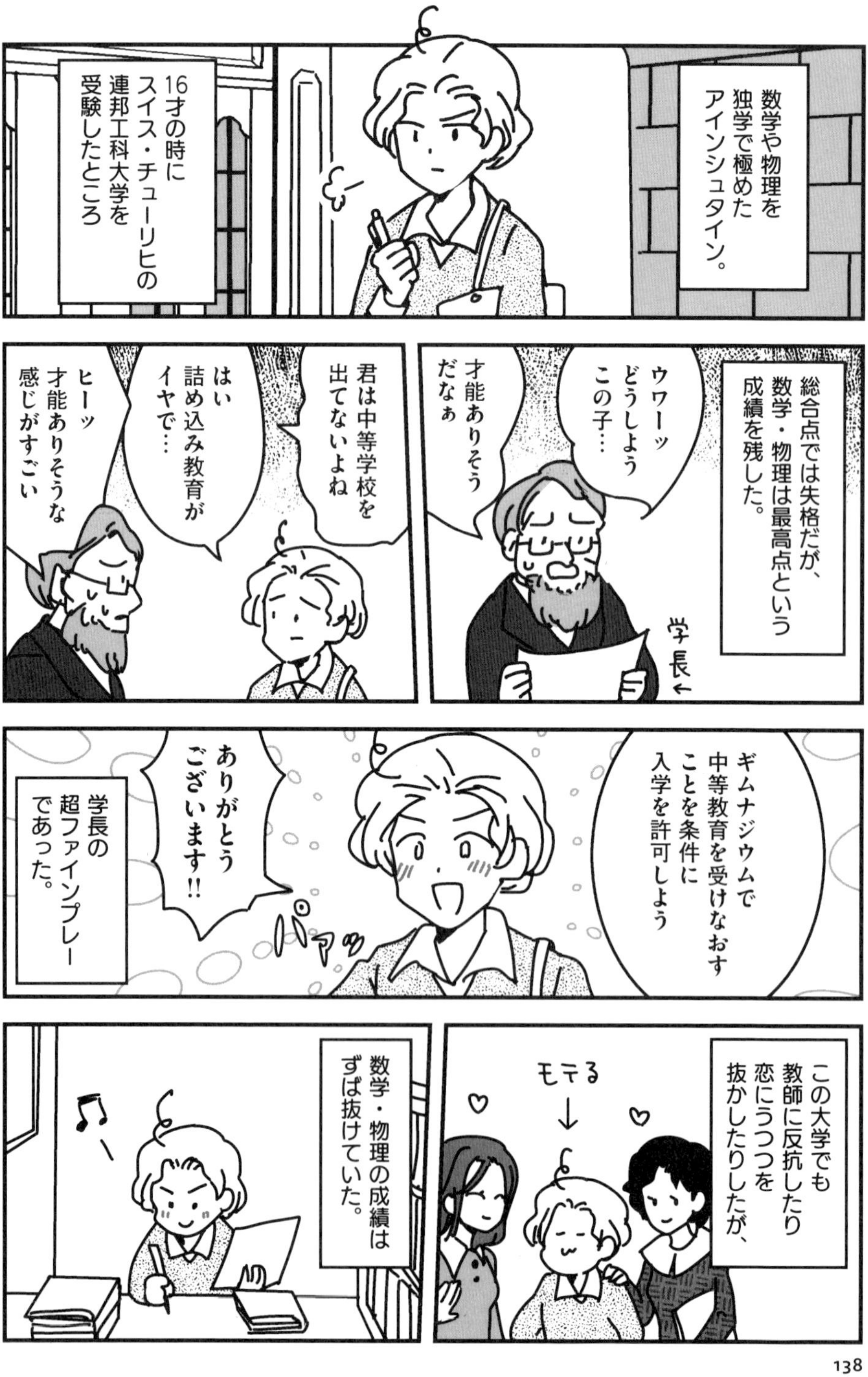
数学や物理を独学で極めたアインシュタイン。
16才の時にスイス・チューリヒの連邦工科大学を受験したところ
総合点では失格だが、数学・物理は最高点という成績を残した。
ウワーッどうしようこの子…
才能ありそうだなぁ
学長←
君は中等学校を出てないよね
はい詰め込み教育がイヤで…
ヒーッ才能ありそうな感じがすごい
ギムナジウムで中等教育を受けなおすことを条件に入学を許可しよう
パァッ
ありがとうございます!!
学長の超ファインプレーであった。
この大学でも教師に反抗したり恋にうつつを抜かしたりしたが、
モテる
↓
数学・物理の成績はずば抜けていた。

大学時代のアインシュタインはドイツでの兵役義務から逃れるためにドイツ市民権を捨てた。
兵役につくぐらいなら無国籍になるもん
まあもう…好きにしろ
ユダヤ人のアインシュタインがナチス政権から亡命したことは有名だが
この一件を見るにユダヤ人でなくてもナチスには協力しなかっただろう。
それはともかく大学卒業後、1905年は26才のアインシュタインにとって「奇跡の年」となった。
ドーン
このとき3つの論文を発表したのだが、
①光量子《こうりょうし》仮説
光は粒子
②ブラウン運動論
微粒子の振動
③特殊相対性理論
光速は一定
この全てが重要な発見だった。

ここで相対性理論の説明をします
どうやら光速に近づくほど時間の流れはゆっくりになるようです
光速一定
なにそれ気持ち悪い！
拒否反応を示さないで
ブー
ブー
相対性理論は光の実験の結果をそのまま受け入れた
スナオな理論なんだから！
光速一定
えっそうなのどんな実験？
地球のある地点からX…東西に向けてY…南北に向けてそれぞれ光を発射し
それぞれの速さを測定してみたんだ
光
X
Y
地球の公転
なんのために？
地球は太陽の周りを公転してるだろ？
太
地球
だから公転速度の分だけ光の「見かけの速さ」が変わるはず…
その予想が合ってるかどうか確かめるために実験したんだね

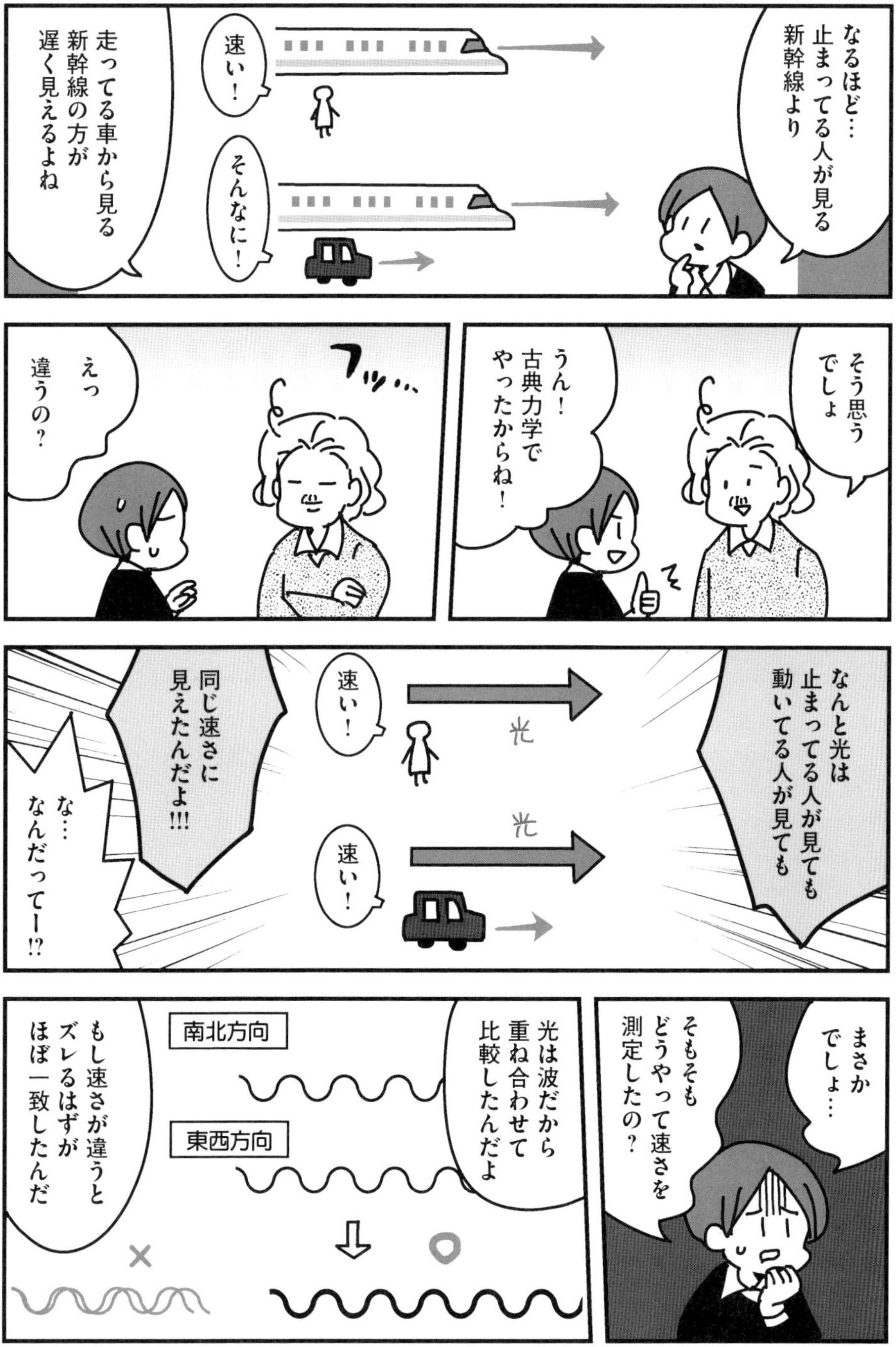
なるほど…
止まってる人が見る
新幹線より
速い!
そんなに!
走ってる車から見る
新幹線の方が
遅く見えるよね
そう思う
でしょ
うん!
古典力学で
やったからね!
フッ…
えっ
違うの?
なんと光は
止まってる人が見ても
動いてる人が見ても
光
速い!
光
速い!
同じ速さに
見えたんだよ!!!
な…
なんだってー!?
まさか
でしょ…
そもそも
どうやって速さを
測定したの?
光は波だから
重ね合わせて
比較したんだよ
南北方向
東西方向
もし速さが違うと
ズレるはずが
ほぼ一致したんだ
×

つまり
「誰から見ても
光の速さは不変」
ということになる
多くの科学者たちは
この事実を受け入ず
ええ…
何かの作用で
そう見えるだけだと
思ったが…
私は光を特別扱いし！
2つの原理から成る
「特殊相対性理論」を
打ち立てた！
すなお!!
①相対性原理
どの慣性系から見ても
物理法則は同じになる
②光速度不変の原理
どの慣性系から見ても
光速は一定
か…
慣性系って？
さっきの
新幹線や車のような
等速直線運動している
観測者のことだよ
等速
静止
でもそれぞれで
物理法則が同じに
なるのって…
古典力学にもあった
原理だよね？
そう ①の
相対性原理を受けた
②が本番だ

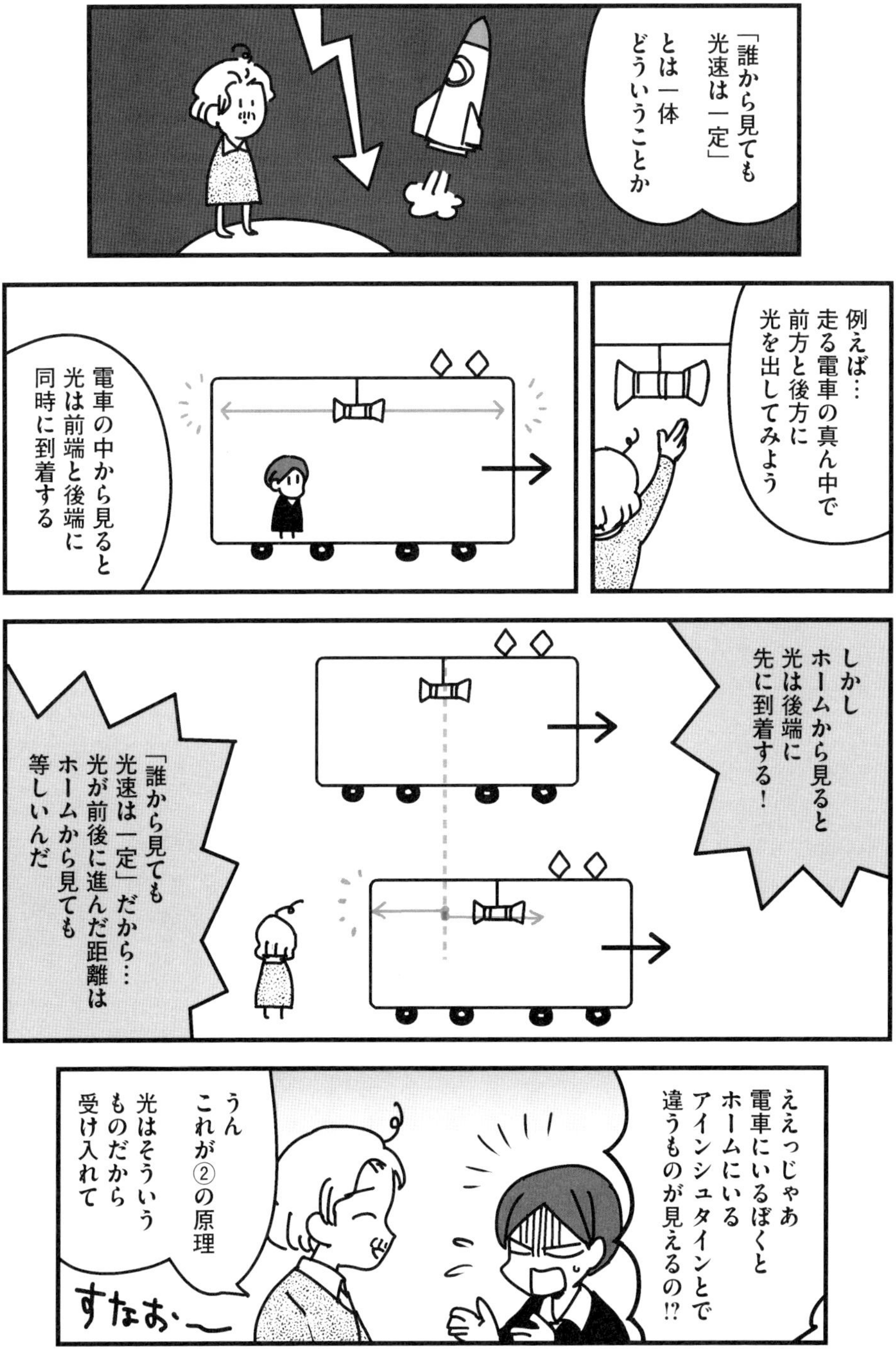
「誰から見ても光速は一定」とは一体どういうことか
例えば… 走る電車の真ん中で前方と後方に光を出してみよう
電車の中から見ると光は前端と後端に同時に到着する
しかしホームから見ると光は後端に先に到着する!
「誰から見ても光速は一定」だから… 光が前後に進んだ距離はホームから見ても等しいんだ
えぇっじゃあ電車にいるぼくとホームにいるアインシュタインとで違うものが見えるの!?
うん これが②の原理 光はそういうものだから受け入れて
すなお〜

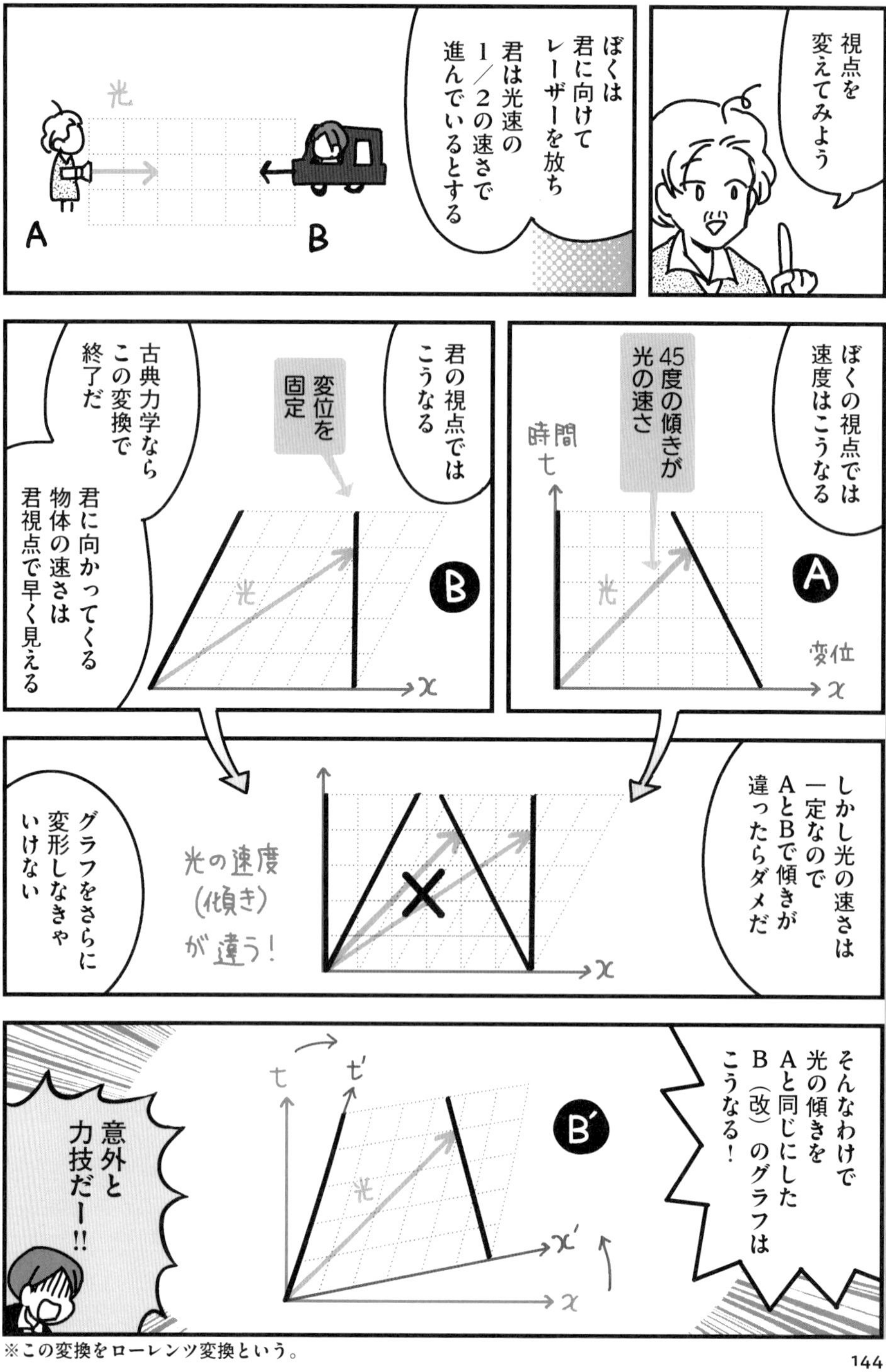

※この変換をローレンツ変換という。

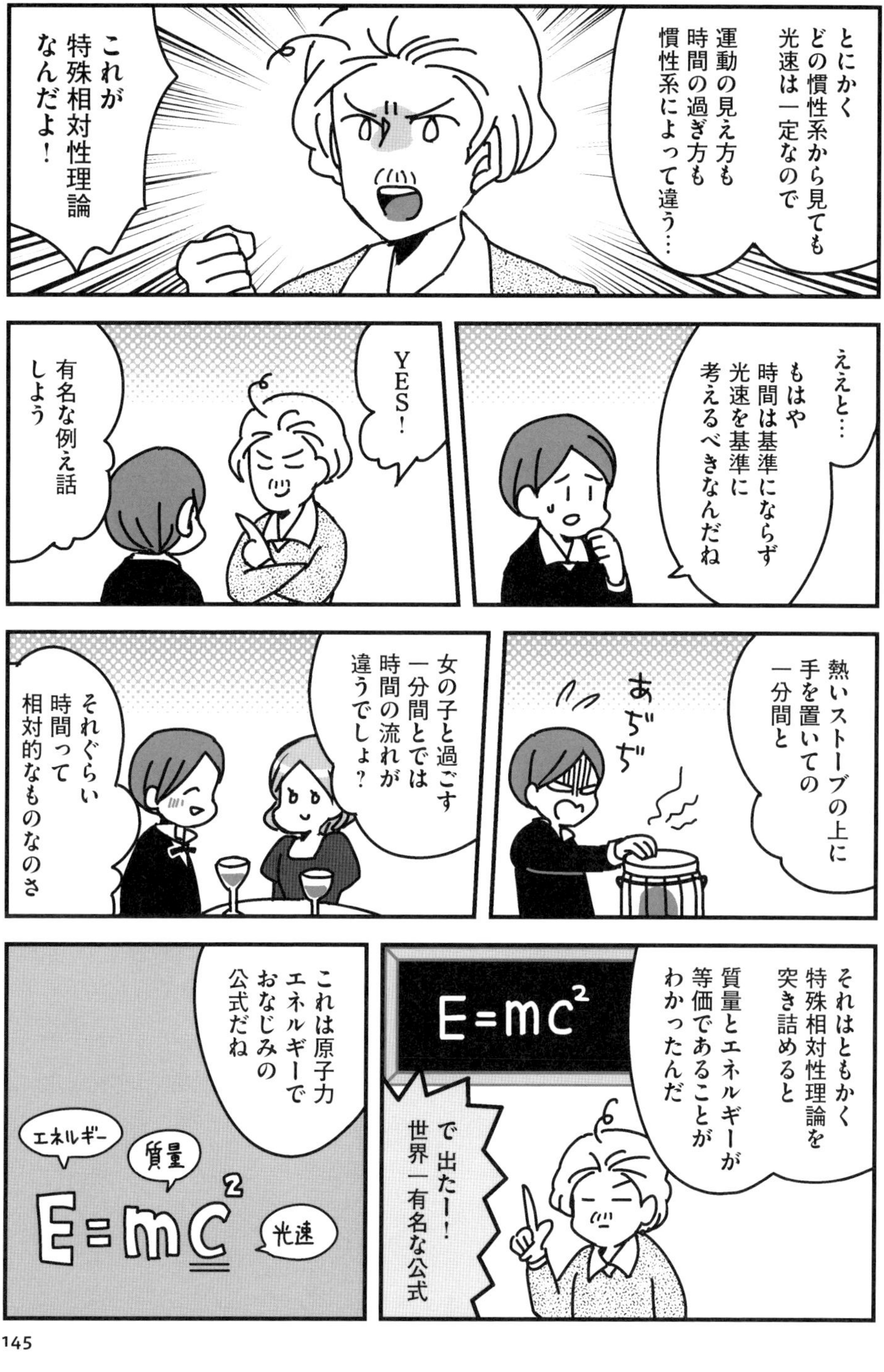
とにかく
どの慣性系から見ても
光速は一定なので
運動の見え方も
時間の過ぎ方も
慣性系によって違う…
これが
特殊相対性理論
なんだよ！
ええと…
もはや
時間は基準にならず
光速を基準に
考えるべきなんだね
YES！
有名な例え話
しよう
熱いストーブの上に
手を置いての
一分間と
あぢぢ
女の子と過ごす
一分間とでは
時間の流れが
違うでしょ？
それぐらい
時間って
相対的なものなのさ
それはともかく
特殊相対性理論を
突き詰めると
質量とエネルギーが
等価であることが
わかったんだ
$E=mc^2$
で出たー！
世界一有名な公式
これは原子力
エネルギーで
おなじみの
公式だね
エネルギー
質量
$E=mc^2$
光速

さて…
2つの原理から特殊相対性理論を導く話はおしまい
次は重力場と一般相対性理論の話をしよう
まだあるの⁉
説明は省略するけど
ローレンツ変換から物体の速さは光速以上になることはなく…
「実現できる最高速度は光速」だとわかった
しかしこれが正しいとすれば重力の理論がおかしくなるんだ
どうして？
これまで重力は瞬時に働く力だと思われていた
太陽
重力
つまり「重力が伝わる速さは無限大」だと思われていたわけ
あ…！でも最高速度は光速だから…
無限大の速度なんて存在しないんだ！
うむ！だから私は重力についても考え直すことにした

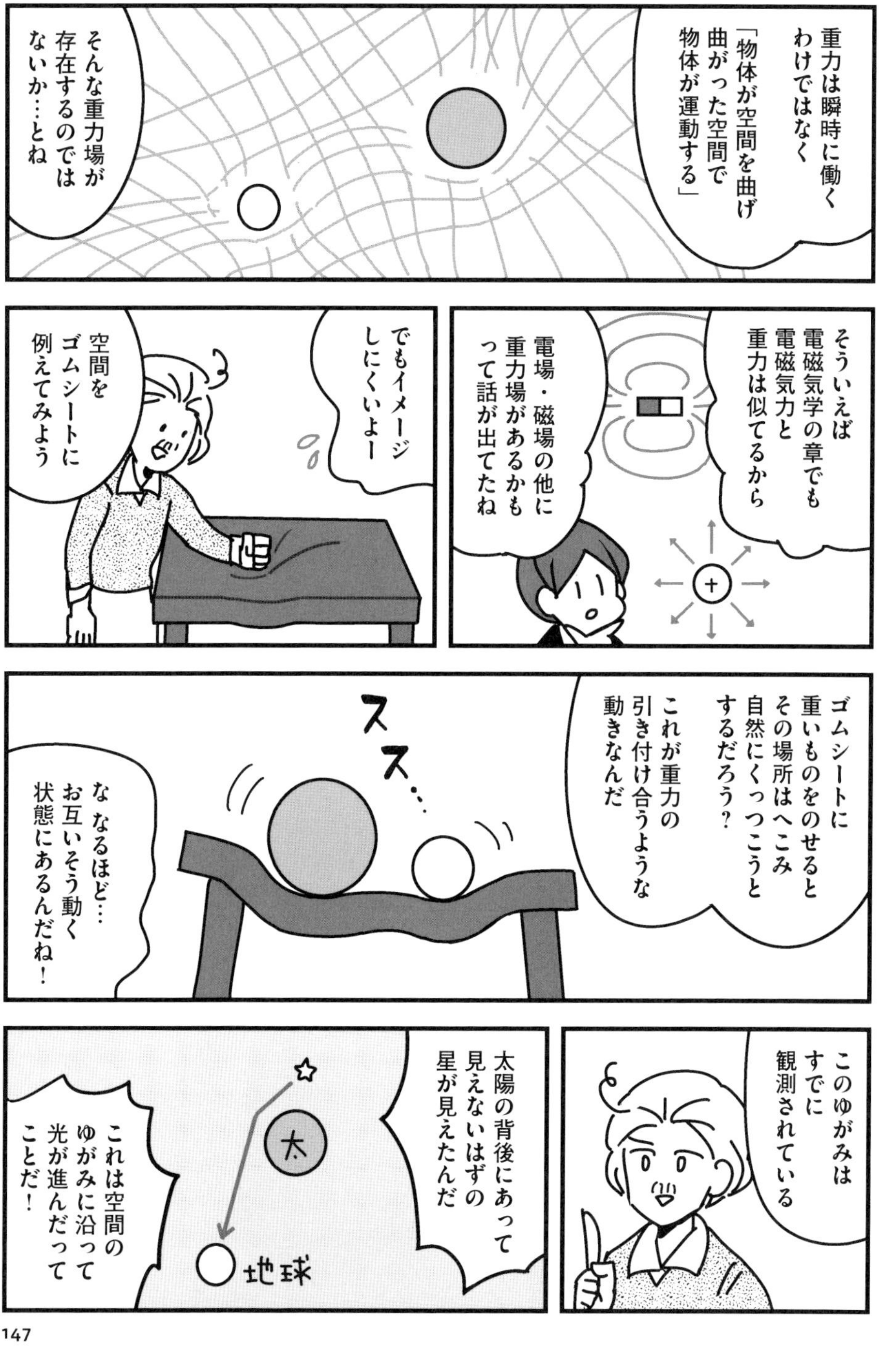
重力は瞬時に働くわけではなく
「物体が空間を曲げ曲がった空間で物体が運動する」
そんな重力場が存在するのではないか…とね
そういえば電磁気学の章でも電磁気力と重力は似てるから
電場・磁場の他に重力場があるかもって話が出てたね
でもイメージしにくいよー
空間をゴムシートに例えてみよう
ゴムシートに重いものをのせるとその場所はへこみ自然にくっつこうとするだろう？
これが重力の引き付け合うような動きなんだ
スス…
な なるほど…お互いそう動く状態にあるんだね！
このゆがみはすでに観測されている
太陽の背後にあって見えないはずの星が見えたんだ
太
地球
これは空間のゆがみに沿って光が進んだってことだ！

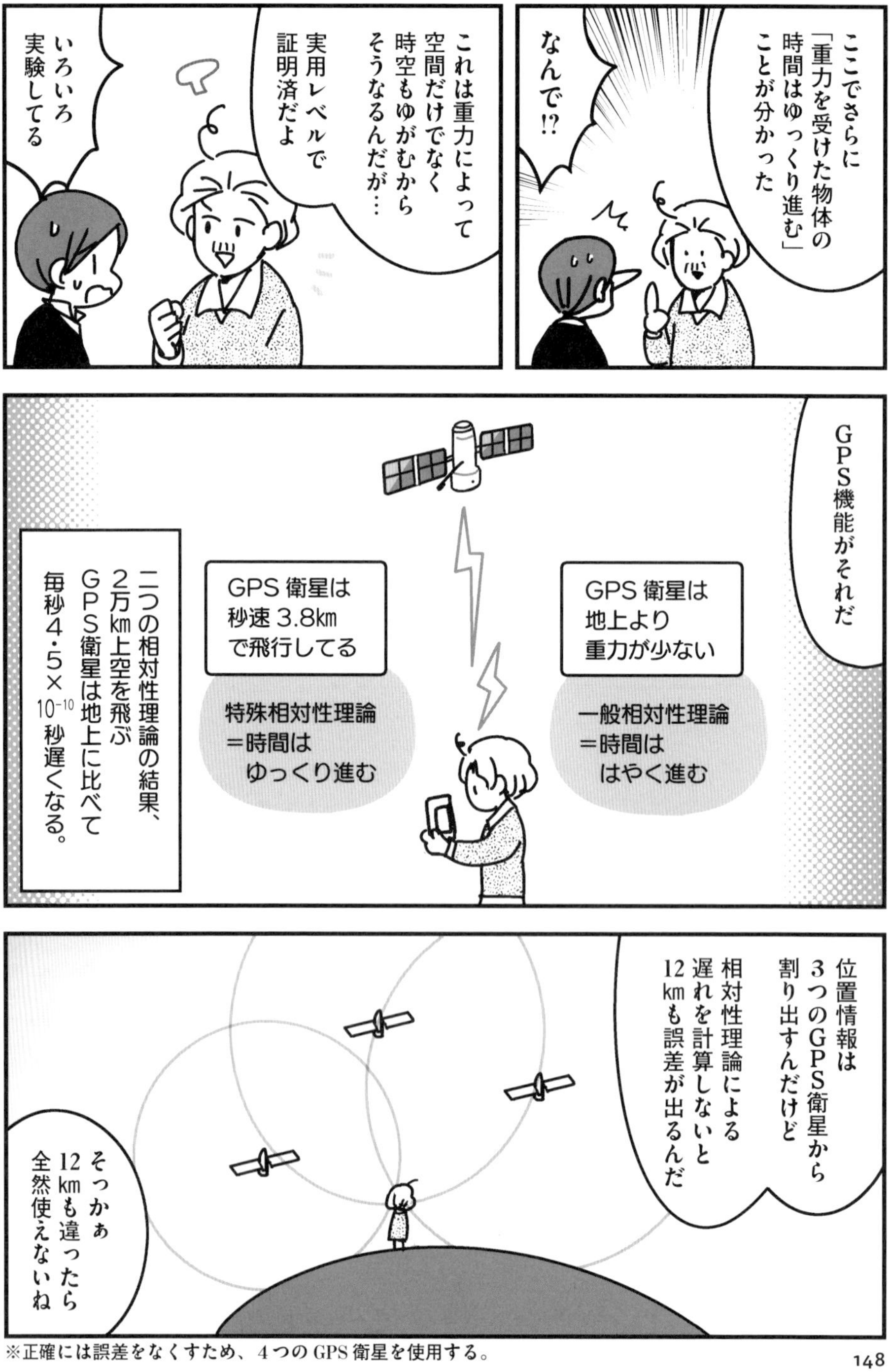

※正確には誤差をなくすため、4つのGPS衛星を使用する。

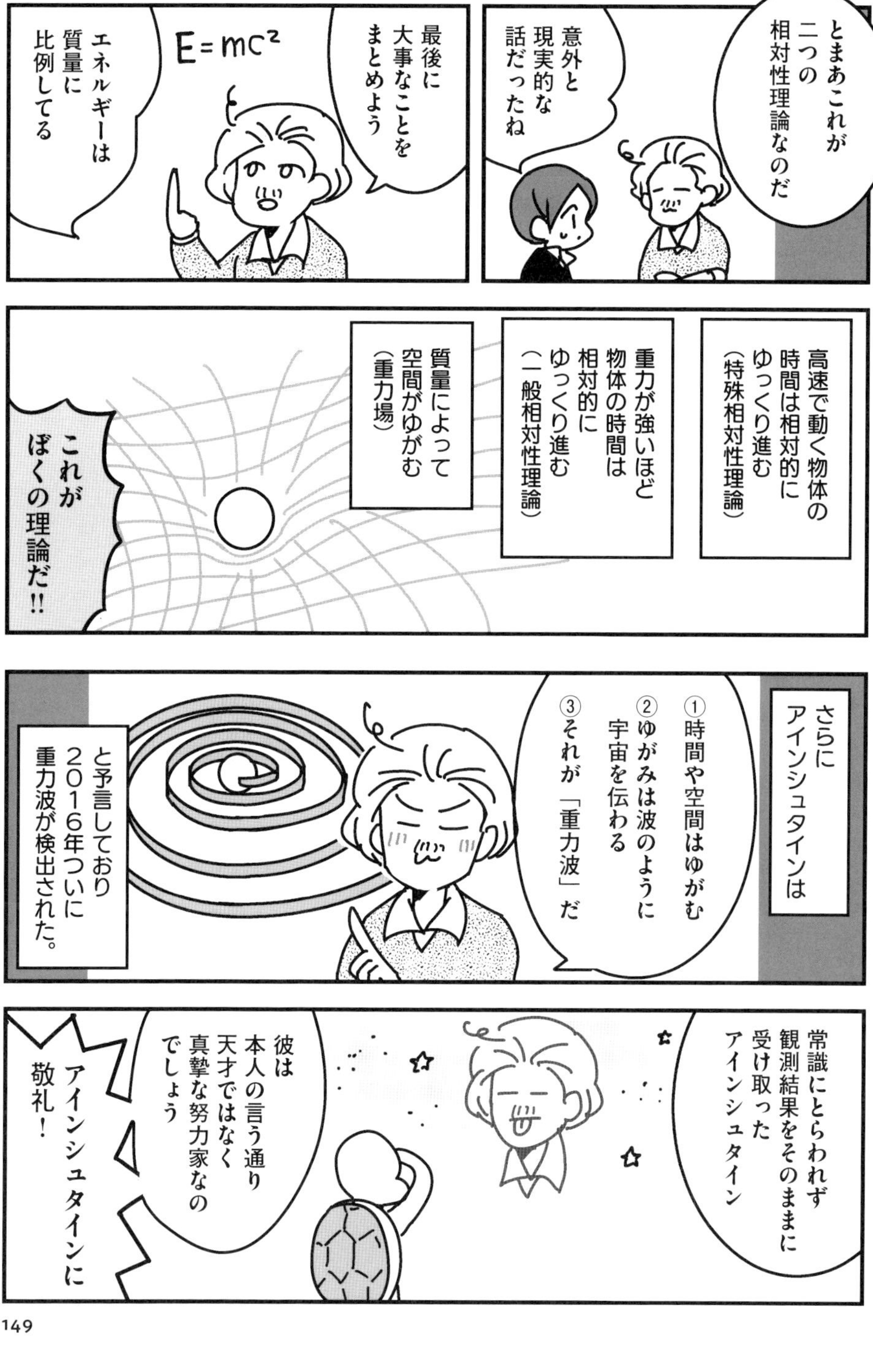
とまあこれが二つの相対性理論なのだ
意外と現実的な話だったね
最後に大事なことをまとめよう
E=mc²
エネルギーは質量に比例してる
高速で動く物体の時間は相対的にゆっくり進む（特殊相対性理論）
重力が強いほど物体の時間は相対的にゆっくり進む（一般相対性理論）
質量によって空間がゆがむ（重力場）
これがぼくの理論だ!!
さらにアインシュタインは
①時間や空間はゆがむ ②ゆがみは波のように宇宙を伝わる ③それが「重力波」だ
と予言しており2016年ついに重力波が検出された。
常識にとらわれず観測結果をそのままに受け取ったアインシュタイン
彼は本人の言う通り天才ではなく真摯な努力家なのでしょう
アインシュタインに敬礼！

こぼれ話 5

若い量子力学者にとってボーアに会うのは名誉なことだったが
んー
ラザフォード先生みたいに若者と話したいんだ
苦行でもあった。
私が思うにハイゼンベルクの不確定性原理には…相《そう》補《ほ》性の原理が隠されているのではないかと……
ウワー
ブツ
ブツ
メモしてね
つまり陽に対する陰のような相反する要素が…
喋りながら考えるボーアはその内容を弟子に筆記させたからだ。
ポール・ディラックもボーアに呼ばれた。
やあ ディラック
さっそくだが私が思うに物質波の重ね合わせは…
つまりこれは…
結局のところ……
……ええと…

……筆記してくれないのかね？
私は学校で「結論を明確にするまで文章を始めてはいけない」と教えられたもので
………
………
いろんな変人が私の元に来たがその筆頭はディラックだ
？
ボーアはこう語ったが、厳格な父の元で辛い幼少期を過ごしたディラックにとってボーアの傍で研究するのは楽しかったらしい。
でも先生の相補性原理は方程式で表せないので受け入れられません
そうか…
ムーン
根っからの数学者でもある彼の発見といえばディラック方程式。
量子力学と相対性理論をつなぐ方程式ができてしまった
$i\gamma^{\mu}\partial_{\mu}\psi(x) - m\psi(x) = 0$

※とはいえディラックは陽電子の存在を予言しており、ノーベル賞ももらっている。

しかしディラックの変人ぶりはこれに留まらない。
物理学者カピッツァからドストエフスキーの『罪と罰』を読まされ感想を求められると
太陽が一日に二度昇ってるシーンがあった
と答え
来客のときに
紹介します かの物理学者ワイグナー博士の妹さんです
えっ
そこ…?
妻をこう紹介し
講演会ではこんなことも。
何か質問はありますか?
黒板左上の式が理解できなかったのですが…
それは質問ではなくコメントですね 次の質問をどうぞ
ズバァ
とにかく変人というか数学者だなーって感じ…
そう? どの程度変わってる? 他に類例は?
ああっスミマセン!
そんなディラックだった。

はみだし偉人コラム④

私ディラックは
ノーベル賞を断ろうか
迷ったんだけど…
断ったら世間から注目
されるぞと警告されて
もらうことに決めたよ…

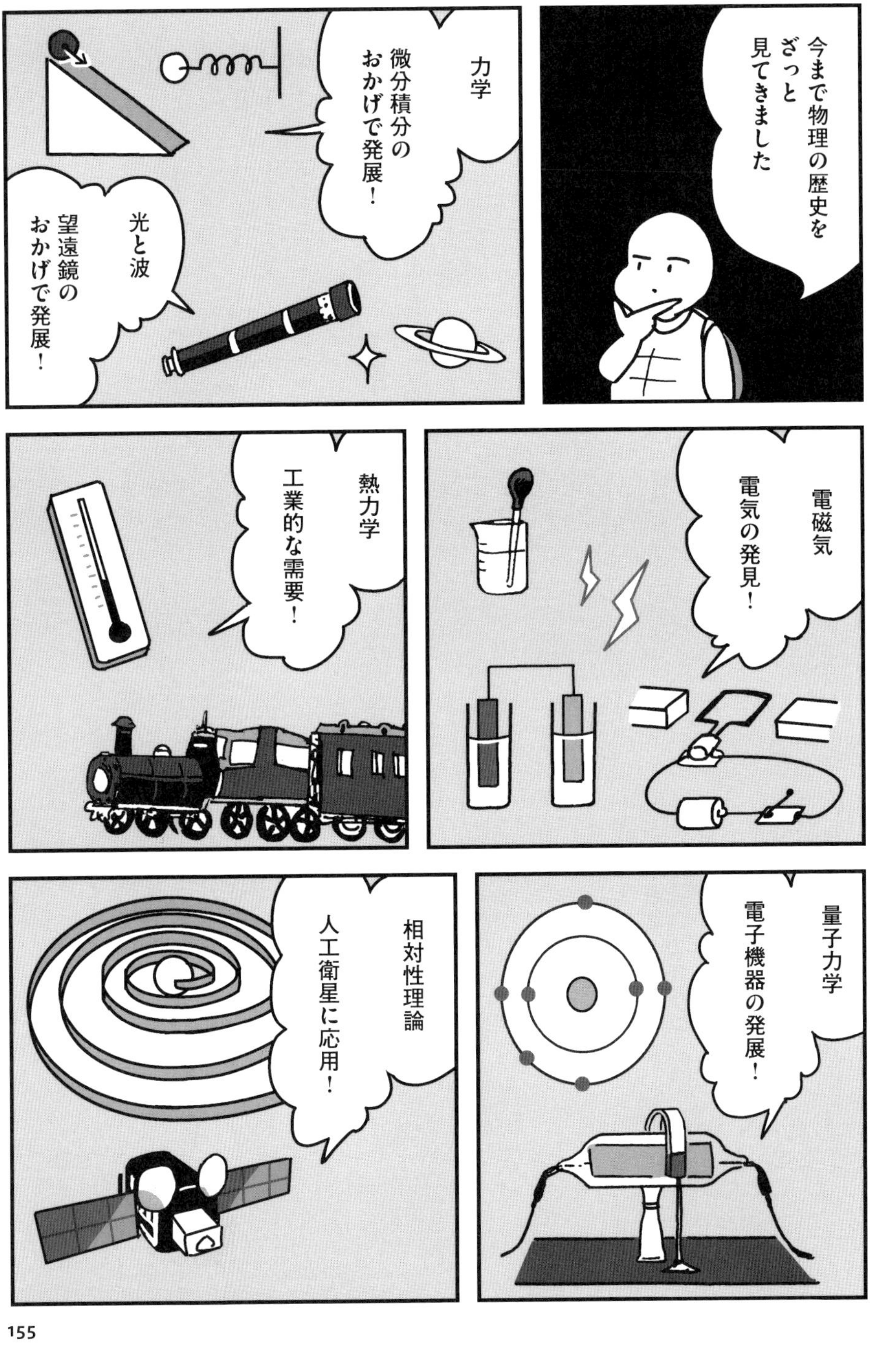
今まで物理の歴史をざっと見てきました
力学 微分積分のおかげで発展！
光と波 望遠鏡のおかげで発展！
電磁気 電気の発見！
熱力学 工業的な需要！
量子力学 電子機器の発展！
相対性理論 人工衛星に応用！

アリストテレスは
太陽と月が地球の周りを回っている
と考え
ガリレオは
地球が太陽の周りを回っている
と考え
天文学者のシャプレーは
銀河系の中心は太陽ではない（太陽も回っている）
と考え
同じく天文学者のハッブルは
銀河系の外にも銀河がある
と考えた。
こうしてみるといかに常識が変わってきたか！確実なことは何一つないような気持ちになります
違うそれ
でもあなたも正確じゃない

ですがこれだけ
否定と発見が
繰り返されたのは
科学者たちが物理に
生涯を捧げてきた
証拠でもあります
科学者たちが
人間らしい一面を
持ちつつも
努力を重ねて
築き上げたのが
物理学…
このことは確実だと
言えるのでは
ないでしょうか

この本をきっかけに
物理により興味を
持ってもらえたなら
幸いです
今後の発展も
楽しみですね！

あとがき

◉物理っておもしろい！

高校生のころ、急に「そうだ、ヤングの実験をしよう！」と思い立ち、47ページにある干渉縞の実験をしました。厚紙に切り口を入れてスリットを作り、レーザー光を当てただけの実験器具でしたが、干渉縞を観測できてうれしかったことを今も覚えています。

物理って確かめられるんだ！
物理をするのに資格はいらないんだ！

その後、科学者の生涯を調べる機会があったのですが、きっと彼らも同じような、より大きな感動を味わったのではないでしょうか。そう思うと物理のことも科学者のことも、ぐっと身近に感じられます。

◉まんがを描くにあたって……

横川淳先生には物理の内容について、適切なコメントをいただきました。とくに相対性理論については、先生の著書をおおいに参考にしました。

また、技術評論社書籍編集部の佐藤丈樹様には長い期間にわたって、ご助言をいただきました。

心からお礼申し上げます。